親子烘焙
幸福時光

英國人蔘 Abby

太雅

帶著孩子一起做烘焙

　　我喜歡蛋糕店的櫥窗，那繽紛的色彩，帶點甜，帶點放縱；我喜歡坐在午後的咖啡店，就這樣笑著、談著，暫時忘卻煩惱；我更喜歡和孩子蹲坐在廚房的地上，聞著廚房的烘焙香，盯著烤箱中被溫暖的昏黃光線包圍著的成品，興奮地等待出爐的瞬間。

　　一口一口吃著點心，是幸福；一步一步將點心從新鮮食材孵育為成品，是成就。

　　我是一名不務正業的兒童職能治療師，從大學開始接受相關訓練，寶貴的大學閒暇時間，我都沉浸在當孩子義工的世界。進入職場後，最先投入的是成人領域，但或許是命運的拉扯，我又回到了兒童領域，醫院、診所、學校都有我的身影，一直到現在，有了自己的孩子，雖然不在前線服務，體內的職業病還是隱隱發作。

　　我們家的生活裡暗藏著我對於各種理論的應用，後來我又想，何不把我的興趣和專長應用在孩子身上？於是我開始帶著孩子玩烘焙。我把我的真實想法藏在腦子裡，摻入有意義的活動，看起來像是在玩，但是一趟玩下來，孩子實際上默默地做了一番訓練，她卻開開心心，渾然不自覺。

　　引領孩子烘焙的過程，確實是一條顛簸又漫長的道路，但那又如何？遇到隆起物，我們可以減速慢行；路途太遙遠，就找條高速公路作弊；碰到路障時，我們把它移走再前進就好了。最後到達目的地的那一刻，不論孩子或是家長，嘴角都會揚起微笑。

　　烘焙是一個坑，歡迎大家一起掉入這個萬劫不復的坑。

作者序

超怕打蛋器燥音的屁孩，初次嘗試打蛋白。一時找不到耳罩，給她戴耳機加帽子擋擋，所以才有如此詭異的裝扮。

一本激起父母鬥志的心靈雞湯

林叨囝仔 6 寶媽 Sydney
親子部落客

身為一個多寶媽，身邊總是圍繞著一群孩子，不管做什麼事，幾乎形影不離，從此練就一身，帶著孩子從事各樣事務的技能，當然，也從小就培養他們跟著媽媽一起做料理。

很多家庭把廚房視為孩子的禁區，避之唯恐不及，不讓孩子接近。我能了解想讓孩子遠離危險的心情，但我們更希望帶領孩子認識廚房用品，了解危險性何在，以及如何正確使用器具，這樣比起一味禁止來得更有意義。帶著孩子一起進廚房好處多多，可以增進親子互動，也可以建立孩子的自信心。

這十年，帶著孩子一起走進廚房，我發現烘焙比起烹飪，更能激起孩子的熱情。不單是因為烘焙做出來的大多是甜點，對孩子很有吸引力，更因為從原料變為食品的過程，總讓人興奮不已！你沒辦法想像，當孩子看到麵粉變成麵包、吐司或餅乾的樣子，小臉上表情是多麼地驚豔！他們甚至覺得自己是魔術師上身！這股成就感在心裡扎根，將會成為孩子童年成長過程中，很重要的養分。

在《親子烘焙幸福時光》裡，除了看見琳瑯滿目的甜點之外，還看到了孩子滿滿的笑容，完全不用懷疑親子動手做烘焙，製造出多麼美好的回憶。Abby不藏私地分享她多年以來累積的烘焙食譜，裡頭有各式各樣的甜點，看得讓人口水直流，也讓人忍不住牽起孩子的手，一起動手做烘焙。

這不僅是一本食譜書，更是激起父母鬥志，燃起烘焙魂的一本心靈雞湯，推薦給正在猶豫是否讓孩子走進廚房的你，或是本來就帶著孩子一起料理的你！

以手作的方式引導孩子成長

黃揚名

輔大心理系副教授、心理學博士陪你輕鬆育兒粉絲專頁經營者

我從小就喜歡吃麵包、甜點類的東西，在去英國念書之前，大概就僅只在品嘗的階段。但在英國念書的時期，共用的廚房裡有個大大的烤箱，如果都只拿來烤冷凍比薩就太浪費了。那時候，靠著我學妹送我的一本零失敗餅乾食譜，我用親手做的餅乾溫暖了自己的身心，也結交了不少愛吃餅乾的朋友。

烘焙就是一件很簡單，但又讓人很容易有滿足感的事情，而且不僅是生理上的滿足，還包含了心理上的滿足。在有了小孩之後，我也會帶著他們一起做甜點。在他們比較小的時候，我頂多讓他們幫忙攪拌，或是幫甜點做裝飾，現在他們大了，幾本上是可以在我們的指導下，自己獨力完成甜點。

不過，我自己擅長的就那麼幾樣，有時候孩子會抱怨，我們可以不要再做香蕉蛋糕了嗎？在看到《親子烘焙幸福時光》這本書的時候，我非常開心，因為書裡面的甜點看起來都好好吃，而且更重要的是很容易做，我都等不及要帶著孩子一起動手了。

有別於多數的烘焙書籍，這本書是特別寫給想要一起烘焙的親子，所以作者很清楚地說明了，要怎麼幫孩子做好各種軟硬體的準備。在書中除了介紹作法之外，還有很多貼心的提醒，比方說要怎麼引導孩子進行這些步驟，以及提供這道甜點的相關知識。

除了食譜的部分之外，我很喜歡書的第一個部分，作者表面上看起來在說怎麼帶孩子做烘焙，實際上根本就是很到位的育兒提醒。我非常認同作者提到的作法，也認為用這樣手作的方式來引導孩子成長，是很棒的一種形式。

預祝各位爸爸媽媽，可以和孩子在一起烘焙的過程中，收穫滿滿。

最重要的關鍵字是「一起」

劉清彥
童書作家、兒童節目主持人

直到現在，我都還記得小學三年級時，和母親第一次在廚房裡用克難烤箱烤蛋糕的情景。那個不用上學的週三下午，雖然有點手忙腳亂，整間屋子卻飄散著溫暖的奶油香。蛋糕出爐後，我迫不及待挖了一口送進嘴裡，那種在舌尖化開的香甜滋味，不但是一輩子難忘的記憶，也成就了現在的我。

2000 年，我在社區開辦了「烤箱讀書會」，帶著一群大人和小孩一邊烤點心，一邊閱讀圖畫書，其實發想的源起，便是小時候和母親一起烘焙的經驗。當時將烘焙與圖畫書結合，純粹是為了吸引大家來參加讀書會，沒想到這樣的閱讀型態紛紛被家長帶回家中，為親子關係和小孩的成長帶來了意想不到的改變。後來，這個親子讀書會不僅成了一本書，搬進螢幕成了兒童節目，甚至還出版了食譜。因此，我始終相信，親子一起動手烘焙和親子共讀一樣，都能增進親子的情感，並且對小孩有深遠的美好影響。

這樣的想法，在這本《親子烘焙幸福時光》中再次得著印證。作者本身是兒童職能治療師，她從陪伴小孩烘焙點心的過程中，發現和經歷這件事對小孩而言，不僅僅是烤出好吃的蛋糕或餅乾，當中還蘊含著生活技能的養成、想像和創造力的激發、美感的培養、物理和化學的相關知識，甚至還關涉專注、思考、創意、自信，以及面對挑戰和解決問題的能力發展。

作者親自設計這些食譜，配合清楚易懂的圖文說明，由小朋友親身示範（證明小孩做得到），從容易到困難，由簡單到複雜，循序漸進帶領小孩走進烘焙的世界，體驗烘焙的樂趣，並且在潛移默化中獲得這些成長的重要養分，最後還能享用和分享自己做的成品，兼顧了身心，也連結了情感。

然而，親子一起烘焙最重要的關鍵字還是「一起」，一起動手做，一起談天說地，一起分享成果，一起共享這段幸福時光，這將會是一起烙印在彼此生命中最溫暖美好的記憶。

可口小點心

輕鬆免烤箱

將烘焙當作橋梁，在空閒時間裡，暫時關掉手邊的3C，大手小手挽起袖子，朝同一個目標前進，來，一起度過高品質的親子時光吧！

因為烘焙，孩子會對身邊食材更加敏感。

帶孩子手作甜點，蘊藏著各種我們想得到或意想不到的好處。烘焙不但是一種生活技能，家長及孩子更能透過烘焙過程的各種可能性，激發想像力、增進美感、認識烘焙中的物理和化學原理。此外，人們經常談論的市售添加物，只要自己動手，便可以盡量控制到最低添加量，也能自己挑選食材，不論是偏好有機，或是傾向在地小農，全都掌握在自己手中。對於一直只在商店看過「成品」的孩子，也有了在自家廚房就能認識食物原型的機會。

在製作過程中，有很多機會能挑戰與刺激孩子的各項發展能力，例如要求孩子將食材依照順序放入鍋中，其實正暗自考驗孩子的注意力及記憶力；又如過篩麵粉的步驟，將麵粉用湯匙舀入篩子，這個動作有大量的手眼協調、雙手協調的訓練；又如測量食材，可讓年齡較小的孩子在自然的情境下，認識測量單位、數字、比較大小，甚或學習加減乘除。

與孩子手作的

100

種好處

親手摘草莓，好吃又好玩。

我很喜歡讓孩子試著裝飾點心，我會提供一些食用裝飾糖，讓孩子練習精細操作以及計畫能力；我也喜歡孩子發揮創意，用天馬行空的想像力來裝飾。有時候孩子只希望和媽媽做出一樣的成品，若是這樣也沒有關係，提供一個範本，讓孩子模仿你的裝飾來進行，可以增加他的空間概念。最後，在放涼的過程，讓孩子學習「等待」，並透過成品所提供的成就感，以及送出成品而得到的稱讚，進而提升孩子以及家長的自信心。

與孩子手作的優點何止100種，若是一一列完，可能要成為一本枯燥的教科書了。家長們不需要如同我「心機」如此重，只需要跟著書中說明的步驟來進行，就能自然地把有意義的練習也一併完成。最重要的是，希望各位跟我一起感受到烘焙的樂趣與喜悅，能夠從自家廚房端出一盤美味的點心，是全世界最幸福的事。（更多手作的優點請跟著甜點食譜實際操作來體驗！）

在同學家摘了好多蘋果，回家來做果凍果醬吧！

蘋果派是我們家中很常出現的點心。

把被壓扁的覆盆子煮成果醬。

要選哪一枝好呢？
太猶豫了！

孩子問：
「有酪梨馬卡龍這
種東西嗎？我説：
當然有！」

夏天最愛
和孩子一起做
水果冰。

這是家裡有
太多芒果、不知
如何是好的解決
方式。

與孩子手作的
100 種奵處

將孩子的作品黏在牙籤上，成為杯子蛋糕裝飾。

這些美麗的野李子，都是從外面拾回的哦！

花園的薰衣草盛開了，變身為香噴噴的薰衣草餅乾。

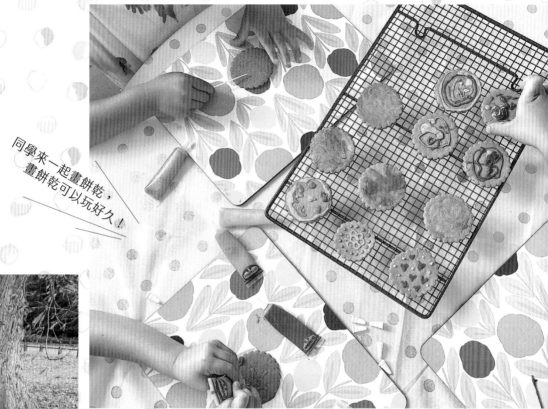

同學來一起畫餅乾，畫餅乾可以玩好久！

本來想撿栗子，但收穫不好，改撿不可食的馬栗回家玩。

到底是如何攪拌的，才能將優格攪拌到臉上？

鹽麵團(P.190)烘烤前挖個洞，就可成為吊飾。

與孩子手作的
100 種好處

大口吃著
自己做的水果
吐司布丁。

閉關期間
跟同學一起線上
做烘焙。

在英國，夏末戶外散步記得帶盒子，野生黑莓大豐收。

英國夏天是大口吃草莓的草莓季！

可以用特別的紙做成標籤。

仔仔細細學削皮。

與孩子手作的
100 種好處

孩子用泡棉貼紙做成個性化的標籤。

等待烘烤的時間太無聊？那我們去畫牆壁吧！

英國因疫情閉關期間，幸好還能烘焙，我們幫玩偶開了生日派對。

包容孩子的不完美，有時沾得髒兮兮，有時塗得不平均，那又如何？還是很棒！

裹上巧克力以及裝飾，是再簡單好玩不過的了。

浮誇或樸素都無所謂，想怎麼擺都可以喔！

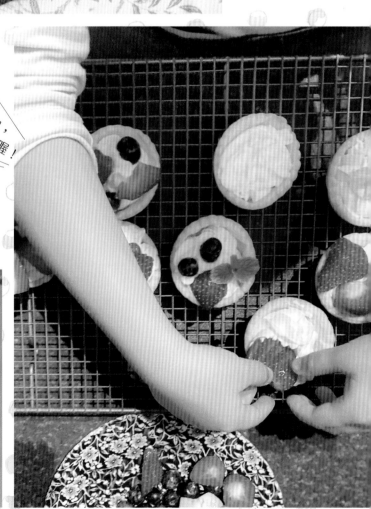

與孩子手作的
100 種好處

親子手作的二三事！

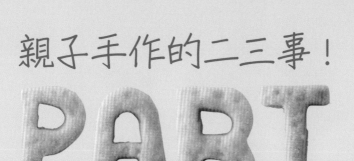

包容「多一雙小手」的意料之外

前言中，我浮誇地下了個「與孩子手作的 100 種好處」標題，但是我也必須老實地說，現實世界並不是只有美好，相對的，我更可以輕易提出另外 101 種帶著孩子手作的壞處，例如速度太慢、麵粉亂噴、桌面凌亂、意見一大堆、沒有耐心、記不住指令、攪拌三下就抱怨手痠……。但是這些代表著什麼？代表孩子還有很大的進步空間！以我作小兒治療師的經驗，我善於看見孩子的優點，也專精於找出缺點，但我不怕孩子有不足之處，因為這都是成長的過程，耐心縫縫補補就能看到進步。

當你看到不管是在書上或是網路平台的育兒文章，是否會有種「好像別人家的都是天使孩子」的錯覺？這時請不要懷疑自己的能力，也不要質疑自己的孩子，因為那些只是片面的、最美好的一刻，其他不見光的時刻，你我都是在同一條船上。

在忙碌的社會，家長經常有一個想法「我自己做比較快」。此話不假，但孩子卻錯失一些學習機會。如果孩子自己要求要幫忙，停下來深呼吸想一想，何不讓他試試看？當然速度和品質，就要有「隨他去吧」的心理準備。

我鼓勵大家帶孩子一起手作，但不希望家長在製作過程中給自己太大的壓力，可能你的廚房會凌亂，沒關係，只要事後收拾就好；可能孩子會不受控，沒關係，一步步鼓勵，心情好時再試會更好；可能孩子做的成品外貌不如預期，沒關係，這在初期很正常，我相信一樣會好吃的！

麵粉撒滿桌是家常便飯。

引發孩子的動機和信心

　　如果孩子是烘焙新手，首先，我們要引發孩子參與的興趣以及動機。例如，翻開一些美麗的食譜照片，問孩子「今天我們來吃這個好不好啊？」再如，問孩子「明天我們要去阿姨家，我們做餅乾去送給她好嗎？」最後，藉由過程中的互動，以及成品的回饋，孩子的信心也因此增長。

「對付」新手孩子的小撇步

1 由家長先把材料準備好，甚至按照順序排好，讓孩子依序做剩餘「倒」與「攪拌」的動作，製造「全部都是孩子自己動手做」的畫面。去除了瑣碎的準備工作，讓進行一氣呵成，比較不容易在過程中分神，孩子也會覺得更容易。

2 先從有把握的食譜開始嘗試。從步驟以及挑戰度適中的食譜下手，成功的機率便能大大地提升。

3 毫無保留、大力地稱讚孩子。尤其對於小小孩，稱讚只能浮誇不能吝嗇，對於大孩子，可以多說一些實際觀察到的優點，例如：「我覺得你的配色很有美感」、「我很喜歡你做出來的這個味道」、「我覺得你可以把巧克力切得這麼碎，真的很不容易！」

4 不要忘記聰明的分享，精選一些最愛讚美人的親戚或朋友，當成你和孩子一起贈送的「目標」。若能從自家以外得到額外的讚賞，內心的滿足感會直衝雲霄。

5 千萬、千萬不要在這些時機邀請孩子手作：當孩子已經專注玩著喜歡的遊戲，或是看著他喜歡的電視。反之，選一個孩子接下來至少一個小時沒有安排活動的時機，才能以一個全新的心情開始製作。

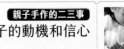

不能一竿子
打翻全部甜食，
我們自製的水果冰
是很健康的唷。

有彈性的家庭甜食主張

說到甜食，浮現在腦海中的是什麼呢？我的第一想法是「蛋糕」，但仔細一想，紅豆麵包、早餐奶茶、嬰兒奶粉，還有台南鱔魚意麵都有加糖，甜食在生活中其實無所不在。

英國是一個甜食王國，但是身為一個亞洲家長，甜食以及巧克力的壞處深植我心，所以在孩子三歲上學之前，我們家裡盡量不提供甜食點心（不敢說零提供，我自製的台式土司也得加糖！）直到有一天參觀完幼兒園，跟幾位孩子比較大的亞洲媽媽聊天，才赫然驚覺，將來孩子就讀英國小學，在校用膳時，學校或多或少都會提供甜食當點心，當下我覺得，或許是時候給孩子介紹一些甜食了。我的想法是，如果在家被禁止與剝奪，在外面可能適得其反：「趁著媽媽不知道趕緊吃」、「參加一場生日派對，覺得甜食太好吃，一直吃，吃到吐了」……這些類似的例子很多呢！在家可以嚴格執行，但是在外呢？

我想做的，就是盡量引導孩子有正確的概念，在吃點心的過程中，我讓孩子進一步了解製作這些點心的食材都有些什麼，一次的正常分量大約吃多少就好。

有限制的提供相當重要。在孩子還小的時候，家長必須幫忙把關，以不影響正餐、不過量為主，如果在特殊時機，我的標準也會比較有彈性，相信各位家長都可以用心裡的那把尺，做出最明確的選擇。

> 糖無所不在，所以必須有限制的提供。

親子手作的二三事
有彈性的
家庭甜食主張

創造家人的精心時刻

我們喜歡選在「特殊又美好的時機」製作點心。例如，明天要去海邊玩，今天先做一些香蕉杯子蛋糕；即將參加同學的派對，我們會做一些小餅乾，解決兩手空空的尷尬；在沒有特別規畫的假日，但我們都抱有好心情時，一起做份點心或早餐，是再棒不過的了；而在重要節日，像是家人的生日，也是最好的時機。

我喜歡將「吃點心」營造成一個開心的氛圍，而非只是日常，對我來說，我喜歡享受點心，但卻不希望點心淪為日常，而且也不希望孩子每天吃點心，攝取過多的糖分。

因此，我們對於點心，雖特別用心敏感，卻不成癮。而對點心的敏感，也延伸到日常生活中。經常在逛超市時，我會和孩子討論食材運用到點心裡的可能性，或是站在琳瑯滿目的烘焙用品區前，駐足、思索、興奮，並且不停地討論著，就連翻閱繪本，都可以找到烘焙的點子，這也變成一種製作點心的動機，我們會一起規畫、共同完成，親子互動也在這過程中，不斷地實現。

孩子在繪本上看到的蛋糕，在真實世界也可以呈現。

每次都要在超市的烘焙櫃前駐足好久。

從有把握的食譜開始

創造「適性的挑戰」是我最大的目標。我認為給予適性的挑戰，不但學習的效能更好，通過這些「有機會」被孩子克服的任務，也更能激發創造力和玩性，最終會因「成功經驗」而轉為「加強動機」。這是為什麼我在起司蛋糕類中，毫不猶豫先淘汰了輕乳酪，只選重乳酪，也是為什麼我沒有放入我喜歡的馬卡龍和精緻點心，而是先從孩子能夠以最少的協助就完成的食譜下手。

太複雜或容易失敗的食譜，不僅孩子，連家長在半途中都可能遭遇挫折。我奉上許多「很難失敗」的食譜，例如「義式香草奶凍」、「巧克力蛋糕棒」等；也為一些有經驗的、或是喜歡挑戰的大人與小孩們，放入幾個步驟稍微多一點，甚至需要一些小技巧的食譜，例如，戚風蛋糕在製作上就比磅蛋糕來得複雜，也更容易出狀況，但是實在太美味了，對孩子來說雖不算容易，但嘗試一下也無妨！

建議你依照自家的情況來挑選製作的目標。有時候不見得要拉著孩子走完全程，由大人完成大部分步驟，再由孩子進行裝飾的部分，也可能才是最適合你們家的執行方式，請家長不要給自己太大壓力，只要想著好好地陪孩子玩一回！

買現成餅乾
來改造，方便
又有趣。

給予適當的挑戰

食譜雖是固定的，但是如何操作，可以隨個人需求彈性調整。在烘焙的路上，對家長自己以及對孩子，可以分成三種挑戰模式：

1 只玩裝飾：讓所有孩子都有機會參與。

方法A：由家長完成點心主體，如蛋糕體或奶酪，再由孩子裝飾。

方法B：買一個市售的純海綿蛋糕，準備一罐打發的鮮奶油和一些水果，將蛋糕切片後，依照戚風小蛋糕的食譜(P.164)，與孩子一起進行裝飾。

方法C：只讓孩子參與最後的包裝步驟，讓孩子幫忙裝入袋或盒、貼上標籤。

2 從半成品下手：半成品除了可以節省時間以外，一般而言，最後的成果還可能會更美觀呢！

方法A：若可以找到現成的派皮，多數最基礎的水果派，例如野莓派(P.180)就是使用現成甜派皮，瞬間成為小菜一疊。

方法B：購買現成的餅乾，再自己加工成喜歡的口味，例如沾上融化的巧克力，再放上喜歡的裝飾。

3 從原型食物開始：使用食材，將食譜從零開始做起。雖然「從頭做」聽起來很挑戰，但也不必害怕，食譜本身有難易之分，只要選擇合適的食譜，就可以避免挫敗感。

方法A：免烤、步驟又少的點心是入門首選，例如：巧克力蛋糕棒(P.116)、草莓慕斯(P.76)。

方法B：挑選真的很難失敗的食譜，例如蜂蜜烤腰果(P.64)，就是用來增加自信心的；而磅蛋糕類的食譜(P.146)也是孩子可以很容易上手的。

> 適時採用半現成的原料，事半功倍。

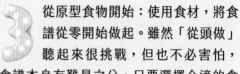

大手小手準備
好一起烘焙。

為小廚師設置專屬烘焙區

我們需要準備一個安全、光線充足、舒適、容易清理的環境讓孩子發揮。在不知道孩子是否有興趣的情況下，不須投資太多裝備。幾項較常用到的物品，提供你作為初步選購的參考。

1 兒童圍裙：製作過程中，可能會有麵粉亂飛、果汁四濺、巧克力滴落等狀況發生，我們需要一件圍裙來保護孩子的衣服，以及家長受驚嚇的心。

2 適合兒童操作的工具：年紀較小的孩子，可能會需要一把兒童也能安全使用的刀子、較小的打蛋器、較小的刮刀。如果兒童抓握能力不好，我們可以加粗把柄，或是請教專業人員有關輔具的使用方法。

3 兒童用拋棄式手套：如果孩子觸覺較敏感，或是不喜歡把手弄髒，使用手套是一個解決的方式。

4 餅乾模：帶著孩子一起去挑選自己喜歡的餅乾模具，讓廚房也有屬於孩子的「玩具」。

5 孩子喜歡的可食用裝飾：和孩子一起到超市或是烘焙材料行，選購孩子喜歡的裝飾品。例如可以吃的星星、超迷你巧克力球、可食用的裝飾筆、各類彩色造型裝飾糖等，在廚房安排一個小櫃子給孩子，專門放置他自己的東西，讓孩子對廚房更有歸屬感。

> 大大小小的餅乾模，是孩子的專屬廚房玩具。

常用的廚房設備

烤箱

烘焙時，一定要將烤箱預熱到指定溫度，才能送入點心烘烤。我使用的是 BOSCH 烤箱，但不分上下火，如果你的烤箱有分上下火，可將上下火都調整到書中指定的溫度，並將烤盤置放在中層即可。書中食譜以攝氏℃為單位。

常用的廚房工具

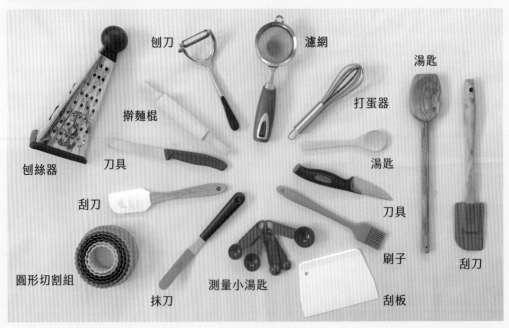

刨刀　濾網　湯匙　打蛋器　擀麵棍　湯匙　刨絲器　刀具　刮刀　刀具　圓形切割組　抹刀　測量小湯匙　刷子　刮刀　刮板

各式餅乾模具

擠花嘴及擠花袋

磅秤
使用電子秤能更準確測量。

烤墊、烤紙、馬芬模
烤墊、馬芬模都有可重複使用的。

電動打蛋器
縮短打蛋的時間，打發蛋白時尤其需要用到。

各式大碗、小碗
小碗適合分裝，大碗則在製作過程中扮演重要的角色。

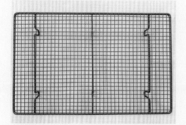

烤架
主要用途在於將點心放涼。

各式烤盤
書中主要使用的有 6 吋 (15 公分) 圓模、12 格馬芬模、20x30 公分長方形烤盤、20x20 公分方形烤盤。

食物調理機
一台食物調理機會省去很多麻煩，讓烘焙變得更容易。

親子手作的二三事
常用的廚房設備

開始動手做！

PART 2

杏仁瓦片

零經驗也有高成功率的入門款

CRISPY ALMOND BISCUITS

小時候的我，最喜歡吃杏仁瓦片，那香香脆脆的口感，是如何都難以忘懷的味道。我猜想，除了杏仁瓦片本身很美味以外，也因為市售的杏仁瓦片，每次只有裝載珍貴的幾片，你一口我一口，除了口齒留香以外，很快僅剩空袋子了。無法滿足的味道讓人更想念，不是嗎？

別提身在異鄉，要買到想念的味道不容易，就連身在台灣，杏仁瓦片本身也是不算便宜的點心。杏仁瓦片製作非常簡單，是我最早讓女兒獨立完成的食譜之一，每次有不擅長烘焙的朋友問起我合適的親子食譜，我總會提到杏仁瓦片。你知道嗎？杏仁瓦片因此開啟了很多父母及孩子烘焙的熱情。

只要你試過一次，就會愛上這方便、容易成功的點心，唯一可能會不滿意的部分，大概就是……怎麼總是不夠吃呢？

材料：（約可製作20～22片）

(1) 蛋白3個（約90克）
(2) 白糖55克
(3) 低筋麵粉60克
(4) 無鹽奶油35克
(5) 杏仁片150克

事前準備：

A. 烤箱預熱150°C。
B. 將材料(4)無鹽奶油融化。
　可將奶油放在能放進烤箱的
　容器中，再放入預熱中的烤
　箱，讓奶油融化。

1 取一個容器，放入材料 (1) 蛋白及材料 (2) 白糖，使用打蛋器或是筷子攪拌均勻。

孩子一開始最喜歡的就是攪拌，這步驟一定要邀請孩子參與！

2 讓孩子將材料 (3) 的低筋麵粉，用濾網分 2～3 次過篩入［**作法 1**］的蛋白糊，攪拌至均勻即可停手。

分次過篩

3 將事前準備的 B 融化的無鹽奶油，倒入［**作法 2**］的蛋白麵糊，攪拌均勻。

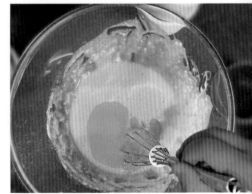

042

將材料 (5) 杏仁片倒入 [**作法 3**] 的麵糊中，讓孩子小心地使用刮刀或湯匙，輕輕攪拌均勻，盡量不要把杏仁片壓碎。

事先將所有材料一次性秤好，分裝在小碗裡，讓孩子依序「倒！倒！倒！」，會更容易喔！

麵糊鋪薄一點

讓孩子舀起適量麵糊，在防沾烤紙上將麵糊鋪平成約 7～9 公分的圓形薄片。麵糊鋪得夠薄，是成品酥脆爽口的關鍵之一。

送入 150℃烤箱，烘烤約 25 分鐘左右，將烤箱關火，讓杏仁瓦片留在烤箱中悶 15 分鐘。之後將杏仁瓦片移到烤架上放涼，放涼後馬上移到密封容器中保存，避免受潮。

可口小點心
杏仁瓦片
Crispy Almond Biscuits

去同學家
送餅乾。

別讓瓦片造型
受限了

　　杏仁瓦片的製作過程容易，不論對於新手家長或是零經驗的
小小孩，這都是一款成功率相當高的入門食譜。食譜的分量不
需要量得非常準確，甚至糖的量也可以自由調整。不管是放手
讓孩子參與測量，或是攪拌過程麵粉紛飛，都不需要太過擔心
成品會失敗。

　　杏仁瓦片的誕生，大部分只要透過攪拌，其中較有挑戰性、
但也最能延伸玩法的，大概是整形的部分。可帶著孩子做各式
形狀，不一定要是圓形，家長及孩子都可以發揮想像力，例如，
在烤紙上畫小孩可能會喜歡的心形、長方形或是三角形，讓孩
子依照所畫的輪廓來鋪平麵糊。如果不介意用手操作，在手指
上沾一點水防沾黏，就能順利用手指將麵糊攤平。最後，只需
要簡單包裝就可以出門送禮囉！

可口小點心
杏仁瓦片
Crispy Almond Biscuits

蜂蜜脆餅

酥脆爽口，而且很好發揮創意

HONEY BISCUITS

　　女兒 4 歲起正式邁入英國小學生活，我發現這不僅僅是她生命的里程碑，也是媽媽社交圈加倍擴大的開始。由於家長們必須站在教室外面等孩子放學，因此也就自然地交流了起來。經常聚在一起的家長，除了聊孩子、聊生活中的瑣碎事件，當然也聊吃的！現在要介紹的蜂蜜脆餅，就是跟家長聊天聊來的，然後再修改成我家的口味。

　　我們全家都很喜歡這款香香脆脆的蜂蜜餅乾，是蛋奶素食譜，味道簡單，吃起來非常爽口，很適合當成孩子的小點心，不過有時候大人們聊天，一口接一口，不小心就會把小孩的餅乾吃光了。對孩子來說，製作這款餅乾也是一種樂趣，尤其可以讓孩子自由發揮，將餅乾切割成自己喜歡的形狀，最是好玩！需要的材料很少，步驟也不多，非常適合新手以及小小孩，我們來動手做吧！

材料：（約可製作20～25片餅乾）

(1) 低筋麵粉90克
(2) 玉米粉20克
(3) 泡打粉1小撮
(4) 蜂蜜50克
(5) 植物油30克
(6) 白糖5克
(7) 鹽1小撮

1 烤箱預熱 160°C。
請孩子將材料 (1) 低
筋麵粉、(2) 玉米粉、
(3) 泡打粉攪拌在一
起,接著用濾網將這
些粉類過篩一次。

分次攪拌

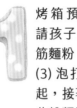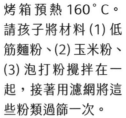

2 取一個乾淨的大碗,請孩子倒
入材料 (4) 蜂蜜、(5) 植物油、
(6) 白糖以及 (7) 鹽,使用打
蛋器充分攪拌 2 ～ 3 分鐘。
植物油不要挑選本身味道太重
的,如橄欖油。葵花油、沙拉
油或葡萄籽油都很適合。

生活中到處需要
用到掌指力量以
及精細協調。可
讓孩子把小手洗
乾淨,直接用手
操作此步驟。

3 將 [**作法 2**] 的液體倒入 [**作法 1**]
的粉類中,首先使用刮刀大致攪拌,
接著可用手混合成團。一開始會覺得
有點鬆散,之後慢慢捏緊即可成團。

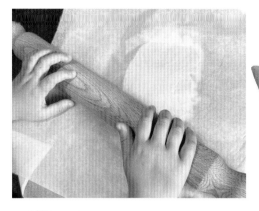

如果家中有活動力超大的孩子，一定要邀孩子來做「使用擀麵棍擀麵團」的活動，這是個很好的**本體覺回饋活動** (註，見 P.50)。

在麵團上方覆蓋一大張烤紙，使用擀麵棍將麵團擀成大約 4 毫米厚度。覆蓋烤紙是為了防止麵團沾黏在擀麵棍上，覆蓋保鮮膜也可以。

讓孩子使用餅乾模具壓模，自由發揮設計形狀。

如果年齡較小、耐心不足或是參與度較低的孩子，可以鼓勵至少參加壓模這個階段，用量米杯口來壓也可以喔！

送入 160°C 烤箱，先烤 10 分鐘上色，再轉為 150°C，續烤 15 分鐘即可出爐，在烤架上放涼。

可口小點心
蜂蜜脆餅
Honey Biscuits

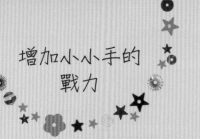

增加小小手的戰力

　　這個食譜對孩子來說，最有挑戰性的地方有兩個，第一，[作法 3]中如何將乾濕材料合體成一麵團。一開始可用刮刀大致壓拌，之後會發現麵團偏乾，就要直接用手做一些抓擠的動作，才有辦法成團。年紀較小的孩子這時可能會卡關，但仍然可鼓勵嘗試，抓擠麵團的動作可增進手部小肌肉的力量，以及協調性的運用。如果孩子怕髒，或是觸覺比較敏感，可事先準備小朋友的拋棄式手套。

　　第二個挑戰是將麵團擀成片狀。先用擀麵棍將麵團稍微均勻壓扁一些，再進行擀製，大約 4～5 毫米是最理想的厚度，麵團太薄易碎裂，不好操作，太厚會使口感太厚硬。壓模完，將剩餘的麵團再次抓成團，並重複[作法 4、5]的動作。如果家裡沒有餅乾模，可以將麵團搓成直徑約 4～5 公分圓形或方形的長柱狀，再用刀切成厚度約 4～5 毫米的小餅乾。

小朋友們來訪，大家動手裝飾自己的餅乾

　　註：本體覺的感受器位在肌肉、關節、骨骼等處，透過本體覺的正常運作，讓我們即使閉上眼睛，也可感知到肢體的動作及位置，例如膝蓋彎曲或是伸直、手臂舉高或是放低。本體覺的輸入可藉由「重壓」產生，例如搬運東西、擀壓麵團。適量的本體覺輸入可調節神經系統的興奮狀態，進而協助孩子的情緒穩定、降低過多的活動量並增加孩子的安定感。

可口小點心
蜂蜜脆餅
Honey Biscuits

鏡面餅乾

不容卻步的特殊考驗題

WINDOW BISCUITS

　　鏡面餅乾是我們很喜歡的冬季節慶點心，主體是平凡卻保證美味的奶油餅乾，中心放上小心機——融化的糖果，利用喜歡的聖誕模具做出讓人心花怒放的成品。試試和孩子一起在陽光溫暖的午後，將鏡面餅乾掛在窗邊，讓陽光的光線透過糖果照進家中，效果就像歐洲教堂裡的彩繪玻璃一樣哦！

　　我在家中收藏多個餅乾模具，為的就是讓孩子在製作的過程中也享受「下決定」的快感和猶豫感。壓模的同時，孩子也在學習「計畫」：這一張麵皮要如何壓模，才能製作出最多個？哪種形狀的餅乾要送給誰，所以會需要幾個呢？

　　年紀越小的孩子，可能耐心越不足，但是家長也不要卻步，孩子可以透過這食譜得到非常多的練習，例如打開糖果包裝考驗著雙手精細協調。而且，就連在等待烘焙或是放涼的時間，也默默地考驗著耐心以及衝動控制呢！

材料：

(1) 無鹽奶油 220 克
(2) 糖粉 120 克
(3) 雞蛋 1 顆
(4) 香草醬 1 小匙
(5) 低筋麵粉 400 克
(6) 烘焙用小蘇打 1/4 小匙
(7) 糖果 16 顆

事前準備：

請將材料 (1) 無鹽奶油事先在室溫下放軟。

請孩子將放軟的奶油放入食物調理機中，按下開關，將奶油打散。

將材料 (2) 糖粉加到 [**作法 1**] 中，使用機器充分攪打至光滑柔順。

如果孩子對於打蛋還不是很有經驗或信心，或許不能一次就將蛋打好，甚至連蛋殼都會打進去！請另外拿一個小碗讓孩子打蛋，不要直接打入調理機中。

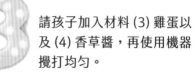

請孩子加入材料 (3) 雞蛋以及 (4) 香草醬，再使用機器攪打均勻。

4 將[**作法 3**]的奶油蛋糕移到一個大碗中。

5 將材料(6)蘇打粉加入(5)低筋麵粉中。先過篩一半的粉類到[**作法 4**]的奶油蛋糕中,稍微攪拌均勻後,再過篩入剩餘一半的粉類,大致攪拌成粉團狀。

趁冰鎮時間,讓我們一起來收拾慘不忍睹的廚房!

6 用雙手將還相當分散的粉團,用擠壓的方式,變成一個質地一致的完整麵團。一開始會覺得乾,壓、捏幾次後,麵團就會成形。

7 在麵團底部及上方各放一張烤紙,用擀麵棍擀成一張麵皮,放入冰箱冰20～30分鐘左右,直到麵皮變硬,並將烤箱預熱170℃。

可口小點心
鏡面餅乾
Window Biscuits

烘烤的過程中，可以請孩子先把糖果的包裝紙打開。

從冰箱將麵皮取出，讓孩子使用喜歡的模具壓出形狀，在每個形狀的中間，使用較小的模具再挖出一個洞，接著送入 170℃ 烤箱烘烤 10 分鐘。

9

將整盤取出，請孩子在中間的空間擺入糖果，送回烤箱繼續烤 5 ～ 8 分鐘到糖果融化，即可整盤取出放涼。

10

我們的鏡面餅乾到此完成……喔不！如果大人或小孩的藝術魂發作，可以繼續裝飾餅乾！我們用了可食用的彩色裝飾筆，來將餅乾改造得更繽紛有趣。

不論是孩子或是新手烘焙家長，餅乾都屬於相對容易上手的食譜，在製作過程中，孩子不小心玩掉了一些麵粉，或是撒翻了一些糖，只要不是太誇張，烘烤出來的結果都還是很棒的。

我喜歡在餅乾上綁緞帶，這需要在［**作法 8**］送入烤箱前，用吸管在餅乾麵皮上壓出小洞，出爐後就有一個可以穿過緞帶的空間，便於吊掛起來。

還可以將鏡面餅乾改造成「搖鈴餅乾」喔！只要取兩片一樣形狀的餅乾，中心的空間放上一些可發出聲響的硬糖果，接著使用融化的白巧克力，將兩片餅乾黏起，待白巧克力硬化以後，好玩的搖鈴餅乾就完成囉！

057

可口小點心
鏡面餅乾
Window Biscuits

英式司康

小小孩也能全程參與！

SCONES

　　司康在英國人的生活中，可以是上流品味，也可以是平凡日常，它完美地融入每個特殊的回憶甚或日常。我們能在頂級飯店，配著設計師打造的庭院，享用裝盤在皇家瓷器上的優閒午茶；也能在溫馨的家庭餐桌上，準備這平凡卻蘊藏能量的美好點心，快速出爐，當成一早的情緒補給。

　　這是一個小分量食譜，正適合我們一家三口，你可以自由以倍數增加分量，更棒的是，在改良過的作法中，我們跳過了最黏呼呼的抓捏步驟，讓孩子也可以「全程參與」。烘焙的香氣是廚房最好的香水，在烤箱「叮！」的那一剎那，跟孩子懷著興奮又忐忑的心情檢查成品，看到那一顆顆挺立排排站的司康，嘴角忍不住已輕輕上揚，一起做吧！你一定能完成這道美麗又幸福感爆棚的英式司康。

材料：（約可製作 6 顆）

(1) 低筋麵粉 160 克
(2) 泡打粉 3 克（約一個小湯匙）
(3) 鹽 1 克
(4) 糖 25 克
(5) 無鹽奶油 40 克
(6) 雞蛋 1 顆
(7) 希臘優格 45 克
(8) 果乾 30 克（非必要）
(9) 珍珠糖（非必要）

事前準備：

A. 準備一把兒童安全的刀，或是刮板，請孩子將冰奶油切成丁，再放回冰箱備用。

B. 烤箱預熱 200℃。

1 請孩子將材料 (1) 低筋麵粉、(2) 泡打粉、(3) 鹽及 (4) 糖倒入食物調理機中，操作機器，讓乾性材料混和均勻。

完美的粉粒狀

2 從冰箱取出事前準備 A 無鹽奶油，讓孩子加入 [**作法 1**] 的乾性材料中，使用食物調理機打成粉粒狀。

製作司康所用的奶油，必須是冰的。

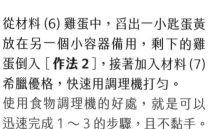

3 從材料 (6) 雞蛋中，舀出一小匙蛋黃放在另一個小容器備用，剩下的雞蛋倒入 [**作法 2**]，接著加入材料 (7) 希臘優格，快速用調理機打勻。

使用食物調理機的好處，就是可以迅速完成 1 ～ 3 的步驟，且不黏手。

將〔**作法 3**〕的麵團移到乾淨的桌面，將材料 (8) 果乾鋪在麵團上，讓孩子用手輕輕地將果乾大致壓到麵團裡，並將麵團用手大致整成一個長方形。

這時候麵團的質地看起來還不平均，這是正常的。如果感覺麵糊質地較濕黏，請在桌上灑一些麵粉防沾。

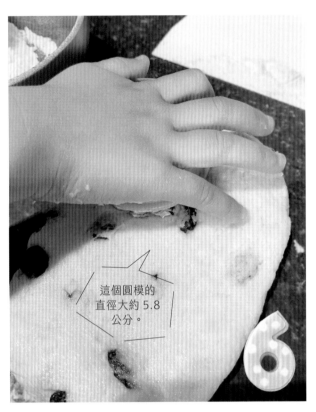

這個圓模的直徑大約 5.8 公分。

請孩子將麵團壓扁一些，朝自己的方向，將麵團第一次對半折；接著請家長協助，將麵團旋轉 90 度，請孩子再度壓平，再朝自己的方向第二次對折。重複旋轉以及對折 4 次。

在對折的過程中，麵團自然會混和得相當均勻。如果奶油有融化的跡象、或是感覺麵團太軟影響進行，可將整個麵團放回冰箱冰 20 分鐘，再繼續操作。

使用手掌，將麵團壓成大約 1.5 ～ 2 公分厚度，用圓模壓成一顆一顆的麵團，壓模剩下的麵團，再度收集、壓平，繼續壓模。用模具切出來的形狀會比較漂亮，若僅用手整形，在烘烤的過程中形狀較無法固定。如果沒有合適的模具，也可以拿刀切割成正方形或三角形。

可口小點心
英式司康
Scones

塗上［**作法 3**］中預留的蛋黃液，撒上材料 (9) 珍珠糖 (非必要)。若希望如標準的英國司康，有亮黃的表皮，塗純蛋黃比較能達到此效果，不介意的話也可以塗全蛋液。

送入 200℃烤箱烘烤 14 ～ 15 分鐘，出爐後在烤架稍微放到微溫即可享用。

司康的 行家吃法

　　司康可以單吃，但抹上喜歡的果醬會更好吃，不過最滋潤、經典的口味，是將司康切半，抹上一層果醬、一層凝脂奶油 (Clotted Cream)，一口咬下，那味覺上的飽和感實在令人難以抵抗。如果凝脂奶油太難買，可以用打發的鮮奶油代替，但我還是強烈建議用凝脂奶油。要注意，不要在司康還熱燙時就抹上凝脂奶油或鮮奶油，會融化。

　　如果想在家中營造下午茶的氣氛，可以參考英國午茶店的兩種方式。第一，基本的奶油茶 (Cream Tea) 套餐，指的是兩顆司康、果醬、凝脂奶油、茶或咖啡。第二，全套經典的英式三層下午茶，最下層會整齊地擺放切成長方形、一口分量的三明治或鹹派；中層是司康、果醬與凝脂奶油；最上層是各式小蛋糕，最後，不要忘了沖上一壺沒有咖啡因的茶，如此就可和孩子共享輕鬆午茶時光。

可口小點心
英式司康
Scones

蜂蜜烤腰果

 健康的隨手解饞小品

HONEY ROASTED CASHEWS

　　身為各式堅果的忠實粉絲，平常吃著原味就很開心，不過偶爾還是會嘴饞，偏偏就想吃那種香香甜甜、有脆脆口感的堅果！最早我會到超市購買，方便又好吃，有一天忽然靈光一現：何不自己做做看呢？結果一做就回不去了，自己做不但容易，而且比市售的便宜太多了。還記得有次被邀請參加女兒朋友的派對，對方媽媽特地交代什麼都不用準備、只要出席就好。但是在英國受邀到別人家，一般都有送小禮物的習慣，所以我們決定做些烤腰果，只是小零食，也不需要立即吃完，非常合適，也幸好有帶，另一家受邀的同學也不是空手去。

　　我在英國學到一個習慣：提供食物之前，一定會詢問「有對任何食物過敏嗎？」英國許多人都有食物過敏，例如雞蛋、麩質等，而最常見的就是堅果！女兒的幼兒園和小學甚至禁止小朋友帶含有堅果的食物進學校，深怕被誤食。贈禮時一定要多加注意。

材料：

(1) 原味腰果 300 克

(2) 蜂蜜 40 克

(3) 無鹽奶油 20 克

(4) 肉桂粉 1/4 小匙

(5) 香草醬 1/2 小匙

(6) 鹽 1/8 小匙

(7) 白糖 15 ～ 30 克

1 預熱烤箱 160°C。讓孩子將材料 (2) 蜂蜜及 (3) 無鹽奶油放在小鍋子中。

2 將小鍋子放在爐子上,用小火加熱,邊加熱邊攪拌,一直到奶油融化即可關火。

請注意燙手的鍋子!孩子如果身高較矮、手不夠長,可讓孩子使用握柄較長的刮刀或木湯匙攪拌。

3 接著放入材料 (4) 肉桂粉、(5) 香草醬,移到桌面,請孩子將醬汁攪拌均勻。

訓練視覺注意力:請孩子把腰果不重疊攤平,並讓孩子找找看,有哪些還是重疊的呢?

4 將材料 (1) 的腰果倒入〔作法 3〕的醬汁中,請孩子攪拌均勻,讓每一顆腰果都能裹到醬汁,接著將腰果不重疊地平鋪在烤盤上。

5 在家長協助下，送入 160°C 烤箱，6 分鐘後拿出來翻拌，送回烤箱續烤 6 分鐘，再拿出翻拌，接著再烤 6 分鐘即完成（總共烤 18 分鐘，中途取出翻拌兩次）。

翻拌可避免燒焦。如果請孩子幫忙翻拌，請將整盤腰果移出烤箱再進行翻拌，避免孩子被烤箱燙到。

6 時間到後，自烤箱取出，請家長協助將腰果倒入一個乾淨的大碗，讓孩子加入材料 (6) 鹽、(7) 糖，翻拌均勻。此時雖然腰果還熱熱的，但可以試試看味道，如果不夠甜，可以添加白糖，如果喜歡鹹味，可以再添一些鹽。

7 將調味完成的腰果，倒在架子上，平鋪放涼後，可放到密封容器裡保存。

可口小點心
蜂蜜烤腰果
Honey Roasted Cashews

我先試吃

學習
健康與安全

　　我們家一年四季都愛吃堅果，特別是在英國過聖誕節，也跟風英國人，一定要吃各式各樣的堅果，但有時候這種烤好的堅果，超市還會缺貨呢，因此如果能自己動手做，馬上就可以解決「嘴饞」的問題。

　　這個食譜不一定要全部用腰果，可以添一些整顆帶皮的原味杏仁或是花生一起烤，也會很好吃。另外，如果天氣太熱，可以放冰箱保存；若暫時吃不完，在冷凍庫可保存大約 2 ～ 3 個月；若吃的時候不夠脆了，可以試著用 150°C 再回烤 10 分鐘。

　　讓小朋友完成這個食譜，最重要的就是「避免燙傷」，製作時，可以向孩子機會教育，烤箱、烤盤、鍋子都可能相當燙手，一定要小心操作。有的時候，在大人的監督下，讓孩子暴露在適度的危險下，也是一種很好的學習。

出門送堅果。

蘋果派餅乾

 為孩子傾注特別心意

APPLE PIE COOKIES

　　蘋果可說是最容易取得的水果之一了。我們家以前常常做蘋果派，只要手邊有現成酥皮，便是一道可以快速端上桌宴客，不會失誤的點心。有天，孩子跟我說：「媽媽，我們好久沒有吃那個『蘋果派餅乾』了耶！」我聽得一頭霧水，我們家一直都是吃蘋果派呀！哪來的蘋果派餅乾？雖然後來證實是小孩口誤，但也因此靈光乍現，那就來做「蘋果派餅乾」啊！

　　頓時覺得，媽媽就是孩子的許願池，經常孩子在有意或無意間，就許了個想吃什麼東西的願望呢！記得有一次孩子讀一本繪本，讀後心得竟是：她也喜歡像文末圖片上那種蛋糕。我一看，立刻在心裡盤算著：可以。幾天後，我默默從廚房端出來給孩子作為驚喜，看到她滿足的表情，我的成就感也在瞬間漲滿。為了將蘋果派餅乾也兌現，和孩子一起研究了好幾次，終於試出全家都滿意的配方。切記，當天現吃的口感最為酥脆，請務必放在肚子裡保存。

材料：（約可製作 8 塊）

奶油塔皮材料：
(1) 無鹽奶油 125 克
(2) 中筋麵粉 250 克
(3) 鹽 1/4 小匙
(4) 冰水 45 ～ 50 克

蘋果派內餡材料：
(5) 中型蘋果（帶皮秤）約 350 克
(6) 無鹽奶油 25 克
(7) 紅糖 25 克
(8) 肉桂粉 1 小匙
(9) 中筋麵粉 1 小匙
(10) 蜂蜜少許

事前準備：

將材料 (1) 無鹽奶油切成小丁狀，再放回冰箱備用。奶油一定要很冰！請將奶油小丁冰硬了再拿出來使用。

我們家孩子手較小，我分了 1/5 讓孩子捏成團，我操作剩下的 4/5，大手小手分工合作。

這是使用合適的水分後，剛從食物調理機倒出來的麵團，接著可以直接抓捏成團。

首先做塔皮。請孩子將材料 (2) 中筋麵粉以及 (3) 鹽放入食物調理機中，加入冰硬的奶油丁，操作食物調理機，大概按 6 ～ 8 次左右，奶油與麵粉就會變成粉粒狀。

將材料 (4) 冰水倒入食物調理機，讓孩子操作機器，約按 4 下，便可將麵團轉移到桌面上，將鬆散的麵團推壓成一大團。

這裡所需的水分可能會因麵粉及奶油的品牌不同而有落差，建議從 40 克水分開始，不夠再慢慢加。只要可以捏成不乾燥的一大團即可，麵團若黏手則表示水分太多，可能會沾黏桌面，建議等一下擀製時，在麵團上下各墊一張保鮮膜（或烤紙）。

將麵團用保鮮膜包裹好，放回冰箱，冷藏 30 分鐘。
讓麵團在冰箱休息很重要，千萬不要跳過此步驟。

準備蘋果派內餡。請孩子將材料 (5) 中型蘋果削皮，並在家長協助下去籽、切成丁。

將材料 (6) 無鹽奶油放入鍋子中，開小火到奶油開始融化，便可倒入蘋果丁以及材料 (7) 紅糖、(8) 肉桂粉，用小火拌炒約 10 分鐘後，加入材料 (9) 中筋麵粉，快速攪拌，然後關火，放涼備用。

可口小點心
蘋果派餅乾
Apple Pie Cookies

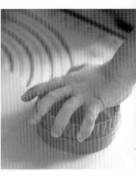

擀皮不是一件容易的任務，如果孩子年齡較小，也願意嘗試，可以給孩子一份小麵團練習，剩下的由家長操作。也可直接由家長擀皮，孩子負責壓模。

 烤箱預熱 170℃。將［作法 3］的塔皮取出，擀成一大張薄片，使用直徑約 7 公分的圓模壓出 8 個圓形，再取一個稍大、約 8 公分的圓模，壓出另外 8 個圓形。

剛取出的塔皮如果太硬，可等待約 5 ～ 10 分鐘再開始操作。先用擀麵棍大致「壓扁」，再進行擀開的動作。我習慣鋪著一張保鮮膜（或烤紙）來擀皮，麵團比較不會沾黏在擀麵棍上。

 用較小的圓塔皮鋪底，上方請孩子擠上一些蜂蜜，並鋪上［作法 5］的蘋果餡。蜂蜜可以用黑糖蜜或是金黃糖漿來取代，不加也可以。

 最上方蓋上較大張的圓塔皮，讓孩子用叉子沿著塔皮周圍壓一圈。

另取一顆雞蛋請孩子打成蛋液。在塔皮表面塗上全蛋液，再撒上一些額外的白糖（非必要），最上方畫一個十字，送入 170℃ 烤箱烘烤 24 分鐘即可。

塔皮自己做
最新鮮

我們也喜歡在塔皮上做裝飾，在［作法6］的大圓塔皮上，可以讓孩子蓋上喜歡的圖案，成品會更加賞心悅目！

這個食譜裡最麻煩、也最有可能出錯的是塔皮。首先，奶油一定一定要很冰，接著，加入的水量要控制得剛剛好，太少會讓麵團乾硬、易碎，太濕到黏手也不好。混和麵團時不要搓揉，盡量以壓擠的方式讓所有材料集結成團。最後將麵團擀成薄片的步驟，也相當有挑戰，家長可以適時給予協助。

對新手家長和孩子來說，這食譜看似很費工，如果能購得整張的現成塔皮，可以節省超過一半的功夫。不過我也喜歡自己做的塔皮，真的很香很新鮮，熟稔了以後，會覺得就只是「丟在食物調理機裡打一打」而已呀！而且，一句老話，自己做的添加劑最少。

可口小點心
蘋果派餅乾
Apple Pie Cookies

**輕鬆
免烤箱**

草莓慕斯

 從採摘新鮮草莓開始吧！

STRAWBERRY MOUSSE

　　我們全家都是草莓擁護者以及終結者。英國的夏天是草莓的產季（台灣是約在冬季、春季），只要走進超市，很難不抱著一大盒草莓走向結帳櫃檯。草莓不僅長得美，價格更是迷人，更厲害的是，產季時，基本上只要選購英國本土的草莓，很難買到不好吃的。每逢草莓季，我們家還有一項親子活動，就是採摘新鮮草莓！我們會到附近的草莓園或是朋友們家的花園摘草莓。摘草莓的樂趣，相信很多人都體驗過，興奮又滿足。回家迅速洗淨，就可以直接大口消滅，或是做成甜點享用。

　　用草莓做甜點，不僅增豔了色彩，微微的莓果酸味更提升味道的層次豐富。記得 2011 年時，我第一次到倫敦的皇家百貨福南馬森（Fortnum and Mason）享用三層下午茶時，其中一樣就是草莓慕斯呢！有時心血來潮，會和孩子一起快速將草莓做成慕斯，簡單美味之餘，更讓我回味那個年輕又甜蜜的午後。

材料：（約可製作 4～6 杯）

(1) 草莓 250 克
(2) 白糖 45 克
(3) 鮮奶油 200 克
(4) 吉利丁粉 8 克
此配方的口感較緊實，
如偏好較軟的口感，可
自由將吉利丁減量 1～
2 克。

事前準備：

A. 請孩子將草莓洗淨，
切除蒂頭的綠葉，並
擦乾多餘水分，如果
草莓過大，可以對半
切小。

B. 在 35 克冰水中加入
材料 (4) 吉利丁粉，
靜置 5 分鐘。

先取一碗熱水，將事前準備的 B 中吸飽水分的吉利丁粉，隔水加熱靜待融化。

等待吉利丁粉融化的同時，請孩子將材料 (1) 草莓及 (2) 白糖倒入食物調理機中，操作機器，打成草莓泥。盡量將草莓打到細緻的泥狀。

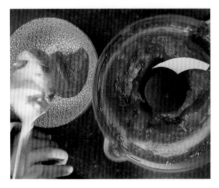

將材料 (3) 鮮奶油倒進一個耐熱的鍋子，請家長開小火加熱到邊緣冒泡，還不到非常燙手的程度，即可關火。取出 [**作法 1**] 中已充分融化成液狀的吉利丁，讓孩子用小勺子稍微攪拌後，全部倒入微溫的鮮奶油，將吉利丁液及鮮奶油攪拌均勻。
吉利丁在高溫下會失去作用，不需要煮沸喔！

請家長協助，將草莓泥分成兩份，一份約 1/3 分量，另一份約 2/3 分量。將分量較少的那一份封上保鮮膜，放回冰箱備用。

請孩子將［**作法 3**］中分量較多的草莓泥，倒入［**作法 4**］的鮮奶油吉利丁液中，充分將草莓慕斯液攪拌均勻。

 請孩子幫忙，選自己喜歡的容器，鋪入［**作法 5**］完成的草莓慕斯液，送入冰箱冰鎮 2 小時以上。

慕斯層凝結後，可以用「搖動杯子」的方式將草莓泥鋪勻，這個動作孩子也可以試試看。

最後，在上方平均鋪上［**作法 3**］中剩餘的草莓泥。

 079

輕鬆免烤箱
草莓慕斯
Strawberry Mousse

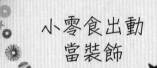

小零食出動
當裝飾

　　草莓慕斯冰鎮完畢後，接著可以做裝飾，擺些新鮮水果是最簡單又健康的，如果家中剛好有一些小零食，如棉花糖、脆迪酥、奧利奧餅乾或是穀片等，都可以拿來讓孩子發揮創意做簡單裝飾。

　　這個食譜基本上難度相當低，唯一可能出問題的地方是吉利丁。首先，吉利丁是葷的，因此如果是蛋奶素食者，就不能用普通的吉利丁；也可以不加吉利丁，改將鮮奶油打發以後，便拌入草莓泥，但這樣的成品會比較軟，口感不一定大家都能接受。

輕鬆免烤箱
草莓慕斯
Strawberry Mousse

義式香草奶凍

能建立信心的不敗名品

PANNA COTTA

　　對於廚房新手，不管是家長還是孩童，最快能增加動機以及興趣的，就是找一個既美味、能在不磨殺彼此耐心的狀況下，就快速結束的食譜。提到快速、好吃、免入烤箱這三個要素，第一個浮現在我腦海的，就是義式香草奶凍。如果你一直認為自己是廚房殺手，望廚房而卻步，遲遲不敢帶著孩子動手，不妨試試看這個食譜，重新取得信心和成就感。

　　這道食譜早期會全部使用鮮奶油，但是現在大家普遍講求「輕盈」，所以我用牛奶取代一部分的鮮奶油，吃起來比較不膩口；親手製作的成品，不僅可以自主挑選好的食材，添加物自然也能比市售加的更少。以前我會購買類似的奶酪商品，通常最上層會隔開，放著不同口味的穀片，要吃的時候再拌在一起，以保留酥脆感，於是我有時候給孩子的放學點心，也會學這一招，孩子非常買單呢！

材料：（約可製作 4～6 杯）

(1) 吉利丁片 3 片（約 5.5 克）
(2) 全脂牛奶 200 克
(3) 鮮奶油 300 克
(4) 香草醬 1 小匙
(5) 糖 25 克

事前準備：

取一個乾淨的碗，倒入冰水，讓孩子將吉利丁片，一片一片泡入水裡。
如果水溫偏高，可加入 1～2 塊冰塊，以免導致吉利丁融化。

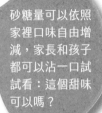
砂糖量可以依照家裡口味自由增減，家長和孩子都可以沾一口試試看：這個甜味可以嗎？

請孩子將材料 (2) 牛奶、(3) 鮮奶油、(4) 香草醬，以及 (5) 砂糖，全部倒進耐熱鍋子裡。

把鍋子放到爐子上，先請孩子大致攪拌，接著請家長開最小火，邊煮邊攪拌，直到鍋邊起小泡泡即可。
不需要煮到滾沸，只需要煮到手指頭觸碰會感到溫熱的程度；如果家中有溫度計，大約煮到 40°C 左右。

3 用手將泡軟的吉利丁取出，擰乾多餘水分後，放入［**作法2**］溫熱的牛奶液，讓孩子攪拌均勻，直到吉利丁完全融化。

此步驟是這道食譜中，對孩子精細協調、注意力以及手眼協調最挑戰的一刻，如何將奶凍液舀到容器中而不滴出呢？家長也可以將奶凍液裝在有傾液嘴的量杯中，方便孩子傾倒。

4 如果時間足夠，可以將［**作法3**］的奶凍液用濾網過篩一次，或是直接請孩子將奶凍液平分在準備好的容器中。待奶凍液冷卻後，封上保鮮膜，放入冰箱冷藏至少3小時。

食用時，如想脫模倒扣，奶酪卻下不來，只要將容器底部稍微泡一會兒熱水，就可以輕易倒扣脫模。

輕鬆免烤箱

義式香草奶凍
Panna Cotta

自製淋醬
更美味

　　如此就可以輕易完成一道點心，是不是很吸引人呢？如果有客人來訪，這道點心也適合前一晚事先製作，到時候放上喜歡的裝飾，就可以從容地端出來宴客了。

　　在裝飾的部分，有時候我會撒上穀片，有時候會做水果淋醬。請放心，淋醬也很容易做。請先翻翻冰箱或是冷凍櫃，看看有什麼存貨。通常我家冰箱會有冷凍或是新鮮的莓果，取大約 100 克，加入約 20 克糖，與一小匙水，全部放進鍋子，用小火煮 5～10 分鐘至濃稠，確定完全放涼後，便可以鋪在奶凍上，酸甜莓果與濃香奶味，是萬年不敗的搭配。如果剛好手邊有芒果，可以打成泥，鋪在奶凍上，再大方地放上一些芒果丁，一定會是夏天最受歡迎的點心！

　　如果有漂亮的杯子，可直接放在杯中用湯匙舀來吃，不過若只是在家中自己吃，放在任何小容器都是可以的。

輕鬆免烤箱

義式香草奶凍
Panna Cotta

跳跳糖松露巧克力

 最有口感的趣味巧克力

CHOCOLATE TRUFFLES WITH POPPING CANDY

「松露巧克力」是從英文 Chocolate Truffles 直譯而來，只是外型很像松露，不需要真的加松露。製作的原料項目很單純，取得更是容易，自己在家做，不但成本便宜，也可以彈性變換成各種花樣。

我的午茶不見得要有蛋糕，一顆松露巧克力配一杯咖啡，我就滿足了……嗎？不，我是絕對會拿第二顆、第三顆起來吃，但這樣實在太罪惡，所以我建議找個特殊節日，或是家庭朋友聚會時製作，包裝得漂漂亮亮，提出去一起分享，當然，不要忘記給小幫手孩子留上一顆哦。

如果説要做一個讓人驚喜的口味，我會想搭入跳跳糖。跳跳糖使穩重的松露巧克力，帶入一種富有玩性、淘氣又年輕的氣味，一口咬下，那些在嘴裡跳動著的氣泡，非常有趣。

材料：

(1) 可可脂 70% 巧克力磚 100 克
(2) 鮮奶油 100 克
(3) 無鹽奶油 25 克
(4) 糖 15 克
(5) 跳跳糖適量
(6) 無糖巧克力粉 1 大匙

事前準備：

請家長或大孩子，將材料 (1) 巧克力磚切成碎塊，放在耐熱容器中備用。盡量把巧克力切碎，切得越碎，等下在融化的過程會更容易。

 請孩子將材料 (2) 鮮奶油、(3) 無鹽奶油以及 (4) 糖放在小鍋子中，用小火加熱到鍋邊開始冒小泡泡，即可關火。

不要煮到完全沸騰，如果溫度太高，後續步驟很容易會使巧克力油水分離。

 請孩子小心地將 [**作法 1**] 溫熱的鮮奶油液，倒入裝有巧克力碎塊的耐熱容器，靜置 1～2 分鐘。待多數巧克力變軟後，請孩子開始攪拌，直到巧克力完全融化。

如果巧克力沒有融化得很好，可以放置在一盤熱水上加熱回溫。

 將 [**作法 2**] 的巧克力鮮奶油液，倒在另一個盤子上抹平，蓋上保鮮膜，放在冰箱冷藏約 40 分鐘，直到有點變硬，但仍可塑形的程度。

依照天氣以及製作分量的不同，不一定要冰 40 分鐘，只要冰到不是太軟、便於塑形即可。

將巧克力從冰箱取出，並取一個小盤子，倒入材料 (5) 中部分跳跳糖。拿一張防沾烤紙，在防沾烤紙上放一小匙巧克力，上方鋪一些跳跳糖，接著在跳跳糖上方再蓋上一些巧克力，迅速捏實搓圓，將跳跳糖包在中心。

跳跳糖在空氣中太久可能會受潮，所以一次不用倒太多在小盤子中。盡可能包裹多一些跳跳糖在巧克力中，口感的效果會更戲劇化。

在包製的過程，會將手弄得髒兮兮喔，如無法接受手髒的孩子，可以戴上手套操作，最好也幫孩子穿上圍裙，並在旁邊事先放些擦手巾備用。

完成全部的包裹動作後，在每顆松露巧克力外圍沾上材料 (5) 的無糖可可粉即完成。

如果包跳跳糖或是裹巧克力粉的過程中，發現巧克力變太軟、太黏手，以致不好操作，隨時可以放回冰箱再冰鎮大約 10～15 分鐘。

 輕鬆免烤箱

跳跳糖松露巧克力
Chocolate Truffles with Popping Candy

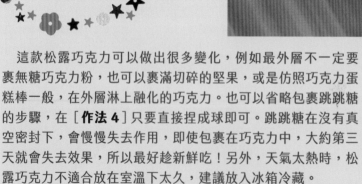

剛做好時是最佳賞味時機

　　這款松露巧克力可以做出很多變化，例如最外層不一定要裹無糖巧克力粉，也可以裹滿切碎的堅果，或是仿照巧克力蛋糕棒一般，在外層淋上融化的巧克力。也可以省略包裹跳跳糖的步驟，在 [**作法 4**] 只要直接捏成球即可。跳跳糖在沒有真空密封下，會慢慢失去作用，即使包裹在巧克力中，大約第三天就會失去效果，所以最好趁新鮮吃！另外，天氣太熱時，松露巧克力不適合放在室溫下太久，建議放入冰箱冷藏。

　　巧克力盡量選購自己喜歡的味道，不一定要用純黑巧克力，也可以用有調味過的，例如海鹽口味或是焦糖口味，吃起來會更特別。

093
跳跳糖松露巧克力
Chocolate Truffles with Popping Candy

家常蘋果凍果醬

 把水果的內涵徹底吃光光

APPLE JELLY

　　分享一個在英國的有趣生活發現，原來好多英國人家的後院，都種植著蘋果樹！走在街頭若能仔細觀察，每年到了夏末秋初，不只蘋果，好幾款認得、不認得的果子都進入產季：梨子、榲桲……等。這些結實纍纍的果子，就這麼從別人家的花園竄出，有時在公共空間，也種植著各式的果樹。看這些果子要不是自然掉落，就是一個一個被蟲子啃、被鳥啄，當然我們也要不落蟲鳥之後，收成一些來自用。

　　經常我們在產季，剛好到朋友們家作客時，就會走到後院「幫」他們摘些果子回家，說「幫」不為過，其中一原因是等到滿地的落果太沒意思，第二原因是大家知道我們很喜歡做果凍果醬，大重點：還會送回去給他們吃！做果凍果醬是一件很有成就感的事，市面上也沒有非常普及，一次做上幾批，可以分送親友，或是自己慢慢享用，保存上大半年都沒有問題喔！

材料：（約可做兩罐果醬）

(1) 蘋果約 800 克
　　（帶皮一起秤）
(2) 白糖約 300 克
　　（參考值）

事前準備：

A. 洗淨蘋果。請孩子幫忙，將蘋果洗乾淨，等一下會連皮一起下鍋煮。
B. 切蘋果。在家長的監督下，讓孩子練習將蘋果切成塊狀、片狀，甚至奇形怪狀都可以。
C. 請準備一條乾淨的紗布巾。

讓孩子將切好的蘋果放入鍋中，倒入清水直到差不多可淹沒蘋果的高度。
果皮和籽也都丟進去一起煮喔。

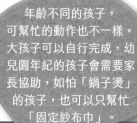

開大火煮滾後，轉小火，蓋上鍋蓋，繼續煮約 20 分鐘，直到可輕易用湯匙將蘋果壓成泥的程度。

此步驟不需要中途一直攪拌，設好定時，和孩子做做運動或看一下書，時間到再回來即可。

年齡不同的孩子，可幫忙的動作也不一樣。大孩子可以自行完成，幼兒園年紀的孩子會需要家長協助，如怕「鍋子燙」的孩子，也可以只幫忙「固定紗布巾」。

20 分鐘後的成果

準備一條紗布巾放在大碗上，讓孩子幫忙把所有煮好的蘋果舀入（倒入）紗布巾。

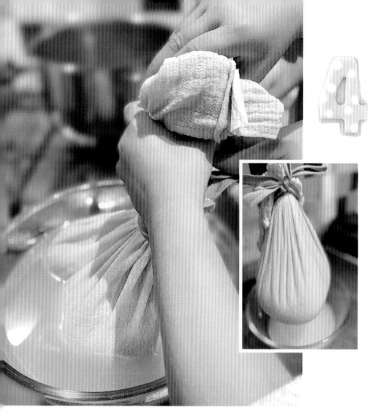

用橡皮筋或是棉線將紗布巾封口綁緊，吊掛在櫥櫃的握把上，下方接著剛剛的大碗，讓果汁滴入大碗中。約 3 ～ 5 小時，或是直接滴隔夜。

一定要靜待果汁慢慢滴落，不要擠壓紗布巾，這樣才不會將多餘的渣渣擠入，影響果凍的清澈感。

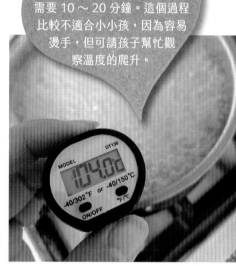

溫度上升到 101°C 是很容易的，但之後溫度爬升到凝固點會變得緩慢，正常需要 10 ～ 20 分鐘。這個過程比較不適合小小孩，因為容易燙手，但可請孩子幫忙觀察溫度的爬升。

請孩子將［作法 4］取得的蘋果汁以及材料 (2) 白糖倒入鍋中。

材料中的糖量為參考用，可測量實際取得蘋果汁的克數來決定糖量。蘋果汁與糖的比例大約是 5：3，也就是説如果有 500 克蘋果汁，糖約需 300 克；如果喜歡甜一點，比例可改為 5：4。

開大火煮滾後，切中小火繼續煮，可適時用湯匙撈掉表面的白色浮沫，一直煮到溫度上升到凝固點，約 104°C。

如家中沒有溫度計，可事先放個瓷器小盤子在冷凍庫，待果醬煮 15 分鐘左右，拿出冰盤子，滴一小匙在冰盤子上，等待 1 分鐘，用手指去觸碰，若表面出現皺紋或結皮，就是抵達凝固點，可關火了。

輕鬆免烤箱
家常蘋果凍果醬
Apple Jelly

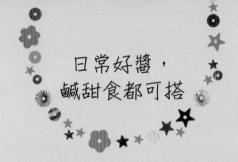

蘋果果凍果醬可以當作一般果醬使用，用來抹吐司或麵包，但我們在英國也會用來和鹹鹹的烤豬肉一起食用，十分解膩！

果醬瓶

一般市售果醬食用完畢後，我習慣會把罐子洗乾淨收起來，等到使用之前，再進行消毒，以便保存食物。如果果醬的瓶子不含塑膠或矽膠封口，我最喜歡「烤箱消毒法」，超級方便，不然也可以使用比較大眾化的「煮沸消毒法」。

烤箱消毒法：將瓶子洗淨，烤箱開130°C左右，瓶子及瓶蓋倒放在烤架上，烤15分鐘。

煮沸消毒法：將瓶子、蓋子放入水中，水滾後再煮約10分鐘，取出晾乾。

果醬真的做好了嗎？

果醬煮好之後，我會在耐熱小碟子裡也倒入一些果醬，方便試吃以及檢查。小碟子中的分量比較少，大約放一兩個小時就會開始出現果凍的質地。如果放置了一段時間，仍維持完全液狀，表示沒有煮到果凍該有的凝固點，這時候不要驚慌，可以馬上將罐中的果醬再倒回鍋子煮一次。

7 關火後馬上倒入消毒好的玻璃罐子中，瓶蓋鎖緊，放涼，大約半天後可定型。

這些水果都可以做成果凍果醬。

家常蘋果凍果醬
Apple Jelly

蜂蜜草莓果醬

品嘗食物真實的甜味

HONEY STRAWBERRY JAM

果醬在英國是生活必需品，不管逛哪間超市，都會有好大一區的果醬櫃，種類和品牌琳瑯滿目，還記得剛到英國時，連買瓶果醬都要在果醬櫃前研究好久呢！經過這麼多年購買果醬的經驗，我發現草莓果醬依然榮登老少通吃、最受大眾喜愛的第一名，微微的酸酸、香香又清新的草莓味，塗在平淡的英國吐司上，好像施了魔法般，瞬間就會變好吃！

促成我做草莓果醬的動機，絕對不是因為便宜。英國果醬的價格相當實惠，連有機果醬也是。主要是有一次我從超市訂購蔬果，草莓卻不小心在運送途中被壓到，賣相不佳，直接吃沒食慾，才想著做成果醬；另外，因為使用標準的果醬製作方式，含糖量很高，所以平常我們在家自己做的，是不放白糖、不加人工果膠的減糖版蜂蜜草莓果醬，成品更吃得到草莓的原味哦！

材料：（約可做一罐 340 克的果醬）

(1) 草莓 350 克
(2) 蜂蜜 65 克
(3) 柳橙汁（或檸檬汁）15 克
(4) 柳橙皮（或檸檬皮）1 小匙

事前準備：

A. 請孩子將草莓洗淨，水分仔細濾乾，小心使用刀具將蒂頭移除，並將草莓切成 1/2 或 1/4 的大小。
B. 在家長監督下，讓孩子使用刨刀，將柳橙皮刮下後，再將柳橙切半，取出柳橙汁。皮屑一開始盡量處理得更細小，才不會影響口感。
C. 將一個瓷器盤子放進冷凍庫冰鎮。

 請孩子將全部材料：(1) 草莓、(2) 蜂蜜、(3) 柳橙汁與 (4) 柳橙皮都倒入耐熱的鍋子中。

 把鍋子放到爐子上，開火煮到沸騰後，切到小火，邊攪拌邊煮。

煮的過程中需要偶爾攪拌，避免黏底。如果孩子較小，仍喜歡繼續幫忙，請戴上手套，避免燙手。如果孩子沒有耐心等那麼久，可以讓孩子在旁邊看看書，做自己的事。

 在沸騰的過程，會出現一些白色浮沫，用湯匙將白沫撈除。

 持續煮到果醬的高度變為原先的 1/2 ～ 1/3，約需 15 分鐘。接著請家長從冰箱拿出冷凍的盤子，用湯匙舀一小匙放在冰盤子上，靜置 1 分鐘，用手輕劃過果醬，如果果醬保持在分開的狀態，就是代表煮好了。

 將煮好的果醬倒入消毒好的罐子中，由家長蓋緊蓋子，靜置放涼。
罐子消毒的方法請參考蘋果凍果醬 (P.98)。

輕鬆免烤箱
蜂蜜草莓果醬
Honey Strawberry Jam

做果醬防燙！
請保護好小手

　　這款果醬對於大人來説，因為不如加白糖的來得甜，第一口可能會覺得不適應，但多嘗幾口，就會發覺更能吃到食物的原味，如果家中有小小孩，味蕾還如一張白紙，那麼第一罐果醬就可以從這種甜味相對較低的來體驗，培養孩子對食物原味的認識。

　　做果醬並不難，説穿了只需要「耐心」。在煮果醬的過程中，尤其要特別注意「燙手」的可能，小朋友可能需要持一根較長的刮刀或木匙，以遠離火源。如果小朋友的安全意識或衝動控制較弱，最好戴上手套，保護好小手或前臂，以免在不注意的狀況下被鍋子燙到。

　　草莓果醬是否好吃，與選擇的草莓也大有關係。新鮮、香甜的草莓，成品會特別迷人，不過，通常會被我拿來做果醬的草莓，大多是賣相不佳或是太軟的。冷凍草莓也可以拿來做果醬，只是酸味會更突出。檸檬和柳橙都含有天然果膠，可以幫助果醬凝固，選用檸檬汁製成的果醬，酸味會更明顯一點；柳橙的會帶有柳橙的香甜味。

輕鬆免烤箱

蜂蜜草莓果醬
Honey Strawberry Jam

蒙布朗栗子點心

細心就能事半功倍

MONT BLANC CHESTUNT DESERT

　　每年到了夏末，準備邁入濕涼的秋天，雖然心理上不免感傷，就要暫別沙灘、陽光、夏季莓果以及青青草地，但秋日的大自然也不讓人失望，那滿地繽紛的落葉，將色彩揮灑在濕涼的土地上，還有那些入秋收成的作物們，溫飽我們的胃，更撫慰我們的心靈。

　　我們家會趕在秋冬栗子季時，外出撿拾栗子，不為別的，圖的只是一個「趣味」。英國有很多野生的栗子樹，在豐收的時候，果實肥美，但因為烹煮費工，栗子的膜也很難剝乾淨，很少人會真的想撿栗子回家處理，因此，經常伴著我們一起找栗子的，是松鼠。

　　當然因為豐收的關係，超市真空包裝的即食栗子也會打折，我們一次大概會買一箱的分量囤著，慢慢享用，當然，手邊一有栗子，就一定要來做個美味的栗子蛋糕或是栗子塔，才不枉費大自然的恩典。

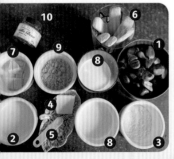

材料：（約可製作 3 份）

(1) 熟栗子 180 克（可用即食栗子泥替代）
(2) 牛奶 40 克
(3) 糖粉 5 克
(4) 無鹽奶油 10 克　(8) 鮮奶油（乳脂 35%
(5) 鹽 1 小撮　　　　　 以上）100 克 +30 克
(6) 手指餅乾 6 根　(9) 紅糖 10 克
(7) 白巧克力 20 克　(10) 香草醬 1/2 小匙

事前準備：

A. 無鹽奶油放室溫軟化備用。

B. 從材料 (1) 中挑出 6 個完整的栗子。

C. 將材料 (7) 白巧克力切碎備用。

 準備一碗熱水，將切碎的白巧克力，使用隔水加熱的方式融化。

 將［**作法 1**］融化的白巧克力攪拌均勻，取出材料 (6) 手指餅乾，讓孩子取一根，在一側邊抹上白巧克力後，與另一根手指餅乾相連黏合。兩個兩個連在一起，總共完成三組手指餅乾底座。
待巧克力冷卻凝固後，餅乾就會黏在一起囉！

 準備栗子泥。請孩子將事前準備 B 中，挑剩下的所有熟栗子放入食物調理機，倒入材料 (2) 牛奶、(3) 糖粉以及 (5) 鹽，使用食物調理機，將栗子打成泥狀。

將材料 (4) 軟化的無鹽奶油加入［**作法 3**］的栗子泥，按下食物調理機拌勻，再加入材料 (8) 中 30 克的鮮奶油，攪打成細緻、濕潤但不流動的泥狀。
鮮奶油用量可依實際情況調整，一開始先倒一半，攪打後視情況增加。

將喜歡的擠花嘴裝在擠花袋中，與孩子一起將［**作法 4**］的鮮奶栗子泥裝入擠花袋中，放置一旁備用。
蒙布朗有專用的擠花嘴，但不一定要添購，這邊反而建議使用口徑不要太小的擠花嘴，才不會阻塞，除非在［**作法 4**］時有先過篩。

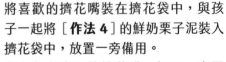

打發鮮奶油。取一個乾淨的大碗，讓孩子倒入材料 (8) 中 100 克的鮮奶油、(9) 紅糖以及 (10) 香草醬，用電動或手動打蛋器，打到有微彎尖角、不流動的程度後，裝入擠花袋備用。

最後進行組裝。取一個手指餅乾底座，與孩子在上面擠一些 ［**作法 6**］的鮮奶油後，擺上 2 顆栗子。

在栗子上方再擠一些鮮奶油，用湯匙抹平整，像一座小山的形狀。

帶著孩子，一起在最外圍擠滿 ［**作法 5**］的鮮奶栗子泥即完成。

輕鬆免烤箱
蒙布朗栗子點心
Mont Blanc Chestnut Desert

讓災難
圓滿收場

這個食譜最不容易的，大概就是平均的擠上栗子泥這個動作了！5、6歲以下的孩子，若自行操作最後的擠花動作，十之八九會變成災難現場，建議家長帶著一起擠。也有些孩子的個性是喜歡自己來，家長依然可以利用現有的食材，將災難圓滿收場：

1 首先取幾個小杯子，讓孩子舀入一匙鮮奶油。

2 按入一顆栗子。

3 上頭再補上一些鮮奶油。

4 鮮奶油蓋住栗子後，讓孩子在最上方隨意擠上栗子泥。

5 最後在頂端擺一些小裝飾。那些擠得破碎、肥瘦不一的栗子泥，就不那麼顯眼了，而是一杯漂亮的點心。(小孩的成品 V.S. 家長的成品)

關於鮮奶油

如何選購鮮奶油

　　若要打發鮮奶油，一定要選乳脂 35% 以上的鮮奶油，乳脂太低會打不發，例如在英國，Single Cream 是用來當淋醬的，打不發，必須選擇 Whipping Cream 或是 Double Cream 才打得發。在台灣，包裝上會標示乳脂含量，或是會直接標示是否適合用於打發。

如何打發鮮奶油

　　溫度低的狀況下，比較容易打發鮮奶油。在台灣，通常室溫普遍偏高，建議在下方墊著一盆冰水進行打發；如果家中有鋼盆，可將鋼盆放入冰箱冰到非常冰，再倒入冰涼的鮮奶油，在冰鎮過的鋼盆內進行打發。

> 趕在秋冬栗子季時，外出撿拾栗子。

輕鬆免烤箱

蒙布朗栗子點心
Mont Blanc Chestnut Desert

奶油酥條

平凡吐司的華麗變身

CRISPY BUTTER
AND
SUGAR TOAST

我們家在英國的早餐通常變化不多，一般就是今天麵包、明天穀片，或是今天穀片、明天麵包。買菜習慣也跟我以前在台灣不太一樣，都會盡量每週從超市買好一整週的分量，因為這樣最省錢而且方便。吐司經常是必備的，但我得自首，很多時候買了吐司卻吃不完，吐司沒有錯，錯的是我們吃膩三明治，覺得悶。其實這時候只要耍點小花招，吐司也能變成誘人的點心。也許你聽過奶油酥條，但你可能沒注意到製作奶油酥條是如此容易，只要再拿出另外兩種材料，就可以讓枯燥的吐司華麗變身，一下子就被小朋友們消滅光光。

食譜相當基本，小朋友除了在烘烤過程需要家長監督，其他可以全程操作。是一項雖然簡單，卻一旦開吃，就很難停下來的點心，一定要學起來！

材料：

(1) 吐司 3 片

(2) 糖 25 克

(3) 無鹽奶油 20 克

事前準備：

將材料 (3) 無鹽奶油在室溫下放軟。

將吐司切成約 1.5 公分厚的長條狀，並開烤箱預熱 150°C。

也可以讓孩子切成歪七扭八的形狀，但要注意，如果切得比較大片，烘烤時間可能需要延長。

讓孩子用刷子或抹刀，在吐司條各個表面上，塗上軟化的奶油。

將材料 (2) 糖放在盤子裡，讓孩子將塗了奶油的吐司條在糖上滾動，平均地沾上糖。
若喜歡比較甜一點，可以盡量多裹上一些糖，但如果怕膩，就在糖上隨便滾一圈即可。

不重疊、整齊地放上烤盤，送入 150°C 烤箱烤 20 分鐘，時間一到即關火，繼續留在烤箱悶 15 ～ 20 分鐘，直到水分完全烤乾。
吐司條的大小、厚度，以及本身的含水量都不太一樣，實際烘烤時間請依情況調整，如果覺得不夠脆，隨時可以再回烤一下。

烤好的奶油酥條放涼後，要記得放在保鮮盒中密封保存，才能保持脆度。另外，奶油酥條並不需要挑特別新鮮的吐司來製作，反之，使用放了好幾天、水分不足或是即將到期的吐司，其實還更容易烘烤，所以，如果發現家裡還有剩餘的吐司，不妨就來試試看喔！

聰明巧用食材

奶油酥條
Crispy Butter & Sugar Toast

巧克力蛋糕棒

剩餘蛋糕的烘焙好點子

CHOCOLATE CAKE POPS

　　經常吸引我目光的食譜，不見得是豪華的蛋糕，有時候，一個能提供給主婦點子的食譜，像是「如何改造剩餘食物」，更深得我心。也因此我的私人筆記本裡，記下許多實用的想法，以免因一時想不到而錯失或浪費食材！對於經常做點心的我，用了一堆蛋白只剩一堆蛋黃，或是用了蛋黃僅剩蛋白，都是司空見慣的事，另外也常有需要處理多餘成品的困擾，例如烤了蛋糕吃不完、裁下來多餘的蛋糕邊，甚或不小心把蛋糕烤太醜無法端出門等等，所以有關「改造蛋糕」的學問，也是一定要會一兩招的。

　　不要小看這道點心，很多人都還特意做了蛋糕，就為了改裝成巧克力蛋糕棒呢！孩子會很喜歡像這樣繽紛可愛的東西，而且不需要烤箱或火爐，作法也相當自由容易，只是要小心，以免製作過程中，孩子已忍不住先偷舔了一大堆巧克力！

材料：（約可製作 6 支）

(1) 蛋糕體150克
(2) 巧克力磚80～100克
(3) 裝飾適量

事前準備：

A. 請家長或大孩子將巧克力磚切成小碎塊。
B. 將切碎的巧克力倒在一個耐熱小容器裡，下方放一碗熱水，使用隔水加熱的方式將巧克力融化。

也可以直接讓孩子用雙手搓，將蛋糕弄成細塊，藉機訓練手指的靈活度。

1 讓孩子使用食物調理機，將材料 (1) 的蛋糕體打成細碎塊狀。

取大約 25 克的蛋糕碎塊，讓孩子抓捏成球，盡量捏緊、捏實，之後搓圓，重複這個步驟，直到用完所有的蛋糕體。

25 克為參考值，大一些或小一些都無妨。但是「捏實」很重要，如果沒有捏實，到時候容易散開。

取一根棒子，讓孩子先在融化的巧克力中，沾取約 1 公分的巧克力，再戳入 [**作法 2**] 中的蛋糕球，全部完成後，請家長拿到冰箱冰 20 分鐘。

等待的 20 分鐘裡，可以鼓勵孩子幫忙洗碗、整理廚房，或是讓孩子先挑選喜歡的裝飾。

118

將［**作法 3**］的蛋糕棒從冰箱取出，讓孩子沾滿融化的巧克力。
如果天氣太冷，剛剛融化的巧克力，等到這一刻可能會重新變硬，只要放回熱水上回溫，再度融化即可。

撒上一些繽紛的裝飾，即可直立晾乾、放入冰箱，直到巧克力變硬、不黏手。
將蛋糕棒保持直立放涼，才能維持圓圓的外貌，可置於杯中、插在紙盒或保麗龍板上。
若不在乎外型，也可直接倒放在烤紙上，最簡單。

繽紛小裝飾先倒一些在小碗裡，讓孩子用手，每次抓取小分量撒在巧克力蛋糕棒上。整罐提供給孩子使用，並不是個好主意，一下子就會被倒光！

聰明巧用食材
巧克力蛋糕棒
Chocolate Cake Pops

用水分充足的
蛋糕來製作

　　巧克力蛋糕棒的「蛋糕體」，我偏好戚風蛋糕，因為水分相當
足夠，將蛋糕打成細塊後，可以輕易地捏成球，沾取巧克力時也
不太會散開。不只戚風，只要水分足夠的蛋糕，甚至磅蛋糕都可
以拿來使用，而且任何常見口味都合適。如果手邊的蛋糕口感偏
乾，則需要在蛋糕細塊中拌入一些「黏著劑」，例如融化的白巧
克力、放軟的奶油加一點糖粉攪打均勻，否則不容易塑型成緊實
的球狀。黏著劑不用多，足夠讓蛋糕球成形即可。

　　巧克力可按各人口味挑選，如希望做更繽紛的蛋糕棒，可以使
用白巧克力來染色；若使用可可脂含量 70% 以上的巧克力磚，
融化巧克力的同時，可加入一小匙植物油一起拌勻，避免巧克力
太過濃稠，不小心裹得過厚（結果不夠用！）。

聰明巧用食材
巧克力蛋糕棒
Chocolate Cake Pops

香蕉杯子蛋糕

熟透香蕉的勝利之戰

BANANA CUPCAKES

　　説起香蕉蛋糕，忍不住就要回憶起我的大學時代。當時我的寒暑假都貢獻在帶自閉症孩童營隊，營隊一般都辦在特定地點，一個很美、很綠、很詩情畫意的書院，結束後，我便在那兒順道買條香蕉蛋糕回家。即使歲月就這樣默默溜走十幾年，那依然是我記憶中美好的味道。所以我對香蕉蛋糕情有獨鍾，這也是我一開始栽入烘焙世界，最愛的東西之一，原因很簡單，除了因為製作起來非常簡單之外，還可以消滅家裡偶爾放太久、沒人青睞的軟爛香蕉！

　　我試過非常多種香蕉蛋糕的食譜，有時我用奶油、有時我用植物油；有時我添加椰絲、有時罪惡的加上巧克力豆；有試過糖多、有試過糖少；有時使用全蛋打發法、有時使用泡打粉。這裡我要介紹的食譜，最適合讓小小孩或新手來做，因為只需要「倒」與「攪拌」，成功機率超級大！

材料：（約可製作 8 個）

(1) 熟成香蕉 3 條（約 250 克）
(2) 植物油 80 克
(3) 紅糖 90 克
(4) 雞蛋 1 顆
(5) 牛奶 25 克
(6) 低筋麵粉 200 克
(7) 泡打粉 5 克

事前準備：

烤箱預熱 180°C。

取一個乾淨的大碗，讓孩子倒入材料 (2) 植物油及 (3) 紅糖與白糖，用打蛋器攪拌均勻。

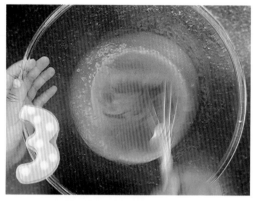

讓孩子將材料(4)雞蛋倒入［**作法2**］中，繼續使用打蛋器攪拌均勻。

讓孩子用叉子，將材料 (1) 香蕉壓成泥，或是讓孩子戴上手套，直接用手擠壓香蕉。

到這邊為止，都只是一系列的「倒入與攪拌」，如果從作法 1 到 3 一次說完，你們家的孩子記得住幾個步驟順序？如果只記得住一個，下次就挑戰記兩個！

倒入［**作法 1**］處理好的香蕉泥、材料 (5) 的牛奶，繼續攪拌均勻。

5 將材料 (7) 泡打粉倒入 (6) 低筋麵粉，取一個篩子，讓孩子將粉類過篩到 [**作法 3**] 中，拿刮刀由下往上將麵糊翻拌均勻。

過度攪拌會出筋影響口感，讓孩子挑戰在 30 下以內攪拌均勻。

在馬芬烤模中放上紙模，讓孩子將麵糊均分在紙模中。

放手讓孩子操作，麵糊四處滴落是正常。麵糊用完後，讓孩子檢查看看麵糊有沒有均分？哪個最少？哪個最多？

7 送入 180°C 烤箱烘烤 22 分鐘。烘烤完畢，取出烤箱，先讓蛋糕在烤模內靜置 5 分鐘，再移到烤架上放涼。

烤熟了嗎？使用竹籤戳入檢查，拿出來竹籤不沾黏麵糊即是烤熟 (沾到小屑屑無所謂)。

聰明巧用食材

香蕉杯子蛋糕
Banana Cupcakes

全家都愛的
常備點心

　　香蕉蛋糕要加分有個訣竅，那就是要使用非常成熟的香蕉，如此香味和甜味才會更上一層樓。這也是為何我家經常出現香蕉蛋糕，那些不小心放太軟、表皮都是黑斑的香蕉，在我們家沒有人愛吃，棄之可惜的心態下，變身為香蕉蛋糕就能重獲關注，皆大歡喜。

　　另外，材料中提到的植物油，除了無味的各式油品，椰子油也適合，淡淡的椰香與香蕉味很搭，有時候我還會在麵糊裡加上 50 克椰絲（[作法 5]混好粉類後，再加入椰絲），混搭出新口味。

　　杯子蛋糕的形式很好攜帶，外出野餐或帶便當都相當方便，此外這個配方也可以使用長方形烤模來烘烤，烘烤時間約需 55 分鐘左右，切片就能享用。

　　和孩子手作為了好玩，會慢慢進行，但當趕時間的時候，我會搬出省時秘密武器：食物調理機。將材料 (2) 油、(3) 糖，攪打 5 秒，加入 (4) 雞蛋，再打 5 秒。將香蕉折半放入調理機，再加入 (5) 牛奶，全部攪打均勻後，倒進大碗裡。將 (6) 麵粉與 (7) 泡打粉一起過篩到同一個大碗中，與前面完成的濕性材料拌勻，就可以分裝烘烤了！全部只要 10 分鐘就可以收工。

聰明巧用食材
香蕉杯子蛋糕
Banana Cupcakes

水果燕麥條

 健康的堅果也能吃得有趣

FRUITY OAT BARS

　　自從給孩子帶午餐上學後，我才開始認真注意別人家的孩子餐盒裡面都有些什麼。一般英國家庭的午餐盒都很簡單，一份三明治，簡單抹醬或是夾冷火腿，可能會有一份起司，肯吃蔬菜水果的孩子，會有一些小黃瓜、番茄或是橘子，最後還有份小點心。多數孩子的點心是洋芋片、小蛋糕，也有巧克力，還有不少人會帶燕麥條或穀片條。

　　看來看去，餐盒點心裡比較順眼的還是燕麥條，除了較不占空間，如硬要比較營養價值，燕麥條還是勝出，因此我上超市購物，偶爾會順手抓一盒燕麥條。買著買著，有天心想「燕麥條應該不難做吧？」研究了 3 分鐘，恍然大悟，「啊！原來這麼容易啊！」更棒的是，可以混搭自己喜歡或是家裡剛好有的食材，非常方便以外，還可以清庫存，櫥櫃中各式堅果、果乾都有去處了！

材料：（使用 20x20 公分烤模）

(1) 無鹽奶油 70 克
(2) 紅糖 40 克
(3) 金黃糖漿 (Golden Syrup)
    40 克。可用蜂蜜取代
(4) 肉桂粉 1 克（非必要）
(5) 原味燕麥 200 克
(6) 果乾 80 克
(7) 堅果 30 克（杏仁片、花生、腰果等）

事前準備：

A. 如使用整顆堅果或
   果乾，可以先切成小
   塊狀。
B. 在烤模內鋪上烤紙。
C. 烤箱預熱 160°C。

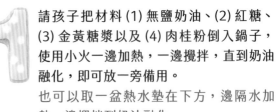

請孩子把材料 (1) 無鹽奶油、(2) 紅糖、(3) 金黃糖漿以及 (4) 肉桂粉倒入鍋子，使用小火一邊加熱，一邊攪拌，直到奶油融化，即可放一旁備用。

也可以取一盆熱水墊在下方，邊隔水加熱、邊攪拌到奶油融化。

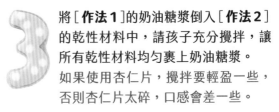

取一個乾淨的大碗，讓孩子倒入材料 (5) 燕麥、(6) 果乾以及 (7) 堅果，用手或是刮刀將其大致混勻。

將 [作法 1] 的奶油糖漿倒入 [作法 2] 的乾性材料中，請孩子充分攪拌，讓所有乾性材料均勻裹上奶油糖漿。

如果使用杏仁片，攪拌要輕盈一些，否則杏仁片太碎，口感會差一些。

4

將［**作法 3**］的燕麥糊放入烤模，讓孩子使用湯匙背部，確實壓實、壓平。

也可在上方鋪上烤紙，讓孩子用小手壓平，或用平的容器底部來壓。

5

送入 160°C 烤箱烘烤 30 分鐘，時間一到移出烤箱，讓成品留在烤模內 15 分鐘，之後取出在烤架上放涼。完全放涼後再請家長切成約 12 等份。

聰明巧用食材
水果燕麥條
Fruity Oat Bars

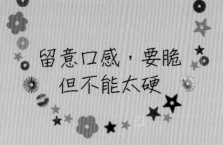

留意口感，要脆 但不能太硬

　　我通常會依家人可接受的口味，減糖減油，不過這個食譜裡，奶油以及糖漿扮演著黏著劑的角色，如果低於一定的分量，成品會有過於鬆散的可能。另外要特別注意，在 [作法 4] 必須確確實實地壓實，否則成品很容易破碎。在 [作法 5] 裡，也千萬不要漏掉讓成品在烤模中停留一段時間的步驟，剛出爐的成品太軟，如果貿然從烤模中取出，會有一開始就弄碎的風險。

　　假如手邊沒有 20x20 公分的烤模，也可以找面積差不多的，只要壓實後的麵糊，高度不要超過 1.5 公分即可，我最喜歡的成品是 1 公分厚，這樣口感比較好，吃得到脆感，但不會感覺太硬。

　　我喜歡帶著孩子做自己的點心，尤其是這種快速又容易的，對於家長跟孩子來說，相對都比較沒有負擔。這個食譜的果乾和堅果可以自由調整，腰果、核桃、花生、南瓜子或是杏仁片都合適；我認為越大顆的葡萄乾口感越好，太小顆烤起來會有乾硬的感覺，用蔓越莓乾、切碎的杏桃乾也可以。

聰明巧用食材
水果燕麥條
Fruity Oat Bars

藍莓優格馬芬

傳達幸福感的早餐

BLUEBERRY YOGURT MUFFINS

　　不趕時間的假日早晨，想動手做頓特別的早餐，馬芬是個好選擇，除了製作容易外，新鮮出爐時真的超級好吃。這個食譜是在我們嘗試了好幾次後，最終找到的全家最愛的口味，有滿滿的藍莓，還加了希臘優格，口感相當濕潤輕盈，有次送了兩個給朋友試吃，從此朋友指名要吃這個食譜的藍莓馬芬。馬芬很好帶出門，放在午餐盒裡當小點心，唯一要小心的是，內餡的大顆藍莓一口咬下時，可能會果汁四溢。

　　我喜歡把材料都事先準備好，然後依照步驟，下指令讓孩子操作，也正因為如此，孩子在做這個食譜時，可以不間斷地動手操作，直至送入烤箱，孩子仍蹲在烤箱前，看著馬芬從扁扁的麵糊膨脹成飽滿的蛋糕，最後出爐的那一剎那，除了能感受到自家烘焙的香氣，更彷彿能從孩子的表情上看到一行字：「我超厲害！」

材料：（使用 12 洞的馬芬烤模）

(1) 植物油 55 克　　(8) 泡打粉 10 克
(2) 雞蛋 2 顆　　　(9) 藍莓 280 克
(3) 糖 90 克
(4) 鹽 1 撮
(5) 希臘優格 250 克
(6) 牛奶 25 克
(7) 低筋麵粉 250 克

事前準備：

烤箱預熱 190°C。

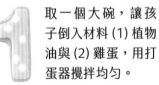

分次過篩

取一個大碗，讓孩
子倒入材料 (1) 植物
油與 (2) 雞蛋，用打
蛋器攪拌均勻。

倒入材料 (3) 糖，
請孩子攪拌 1 ～
2 分鐘，直到均
勻混和。

3 倒入材料 (4) 鹽、(5) 希臘優格以及 (6) 牛奶，讓孩子攪拌均勻。

> 喜歡攪拌的孩子，到此步驟都可以讓他盡情攪拌。挑戰：孩子到目前為止的添加順序，記得起來幾個呢？

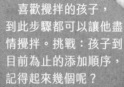

4 將材料 (7) 低筋麵粉與 (8) 泡打粉倒在一起，讓孩子使用濾網，先過篩一半，用刮刀大致翻拌，再過篩剩下的一半，繼續用刮刀翻拌均勻。

在拌入麵粉的這個步驟，要注意避免攪拌太多下，會導致麵粉出筋，影響口感。

5 取一小碗，將材料 (9) 的藍莓取出 1/3，然後將剩下 2/3 的藍莓倒入 [**作法 4**] 的麵糊，翻拌均勻。

> 取出 1/3 藍莓是為了等下要均分在麵糊頂端，比較省事的作法則是將藍莓直接全部都混到麵團裡。可以問問孩子喜歡哪一種作法。

美味的蛋糕
藍莓優格馬芬
Blueberry Yogurt Muffins

7

在麵糊頂端平均擺入［**作法 5**］中剩餘的
1/3 藍莓，並請孩子將藍莓稍微壓入麵糊
中，最後放入烤箱前，取一些額外的糖
（約 5 克），平均撒在麵糊頂端。

6

取一個 12 洞的
馬芬烤模，放入
紙杯，請孩子均
勻分配麵糊。

頂端藍莓要稍微壓
入麵糊，否則烘烤完膨脹，
可能會把藍莓擠出蛋糕
體。這時候請孩子瞪大眼
睛仔細看看，是否每個烤
模都有分配到差不多數量
的藍莓？是否每一顆都有
稍微壓入麵糊？

8

送入 190°C 烤箱烘烤 20 ～ 25 分鐘。
烘烤完畢後，整盤拿出烤箱，在烤架
上靜置 5 分鐘，再將馬芬從烤模中一
個一個取出，於烤架上放涼。
如何檢查是否烤熟：用一竹籤戳入馬
芬，如果取出時沒有沾黏濕麵糊，就
代表烤熟了。

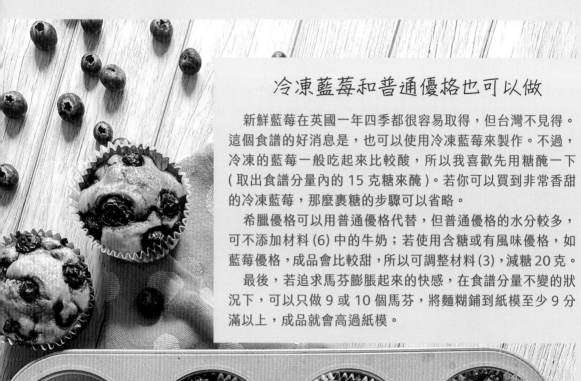

冷凍藍莓和普通優格也可以做

新鮮藍莓在英國一年四季都很容易取得，但台灣不見得。這個食譜的好消息是，也可以使用冷凍藍莓來製作。不過，冷凍的藍莓一般吃起來比較酸，所以我喜歡先用糖醃一下（取出食譜分量內的 15 克糖來醃）。若你可以買到非常香甜的冷凍藍莓，那麼裹糖的步驟可以省略。

希臘優格可以用普通優格代替，但普通優格的水分較多，可不添加材料 (6) 中的牛奶；若使用含糖或有風味優格，如藍莓優格，成品會比較甜，所以可調整材料 (3)，減糖 20 克。

最後，若追求馬芬膨脹起來的快感，在食譜分量不變的狀況下，可以只做 9 或 10 個馬芬，將麵糊鋪到紙模至少 9 分滿以上，成品就會高過紙模。

甜心核桃布朗尼

 蛋糕界的人氣親民食譜

WALUNT BROWNIES

　　對於第一次在英國買的布朗尼，依然記憶深刻。那是在牛津的市集，一個美麗的午後，我注意到一個小攤位，上面擺滿各種口味的布朗尼，切成大方塊狀，排列得整整齊齊，在古典的街景襯托下，隱約感覺空氣也飄散著一股甜味，心情飄飄然的，促使我每一種口味都想嘗一口。非常艱鉅地挑選出一個，接著困擾地數著手中相當複雜的英鎊零錢，從笑臉迎人的金髮小販手中取走布朗尼，想著一邊漫步牛津，一邊享受這塊布朗尼，怎知一切美好都靜止在咬下的這一刻，這塊布朗尼好甜！太甜了！接受不了的甜！從此我學到了教訓，英國的點心比亞洲賣的甜上很多。

　　布朗尼的作法很容易，即使是小一點的孩子，在大人稍微協助下，也可以自行完成。而且布朗尼可以放在冷凍庫冰凍兩個月都不是問題，拿出來退到常溫後，吃起來還是一樣好吃。

材料：（使用 20X20 公分方形烤模）

(1) 無鹽奶油 200 克
(2) 可可脂 65 ～ 70% 的巧克力磚 220 克
(3) 糖 200 克
(4) 雞蛋 3 顆
(5) 香草醬 1 小匙
(6) 低筋麵粉 180 克
(7) 核桃 70 克

事前準備：

A. 將巧克力磚切成小碎塊。

B. 請孩子幫忙，將核桃大致剝成碎塊。

C. 讓孩子在烤紙上沿著烤模底部描繪形狀，再將烤紙剪下，鋪在烤模底部防沾。

將事前準備好的碎巧克力磚，以及材料 (1) 無鹽奶油倒入一個耐熱容器中。

用電動打蛋器更方便快速，但我故意拿手持打蛋器，訓練小孩和我的耐力，大概需要持續攪打 10 分鐘左右 (電動打蛋器 5 分鐘)。

取一個更大的容器，由家長注入滾水，將 [作法 1] 的耐熱容器置於其上，將奶油巧克力隔水加熱。讓孩子拿一把小刮刀或是湯匙，輕輕攪拌，直到大約有 50 ～ 60% 的奶油及巧克力融化，便可從熱水取出，繼續攪拌到完全均勻融化。不持續放在熱水上加熱，以免巧克力溫度太高，產生油水分離現象。但若融化的狀況不夠好，可以再放回熱水上。

取另一個乾淨的大碗，放入材料 (3) 糖和 (4) 雞蛋，使用打蛋器持續攪打，一直到雞蛋糊顏色呈現淡黃色，並且看起來蓬鬆。同時將烤箱預熱 180°C。

蛋糊呈淡黃色，且看起來蓬鬆。

 將 [**作法 2**] 中融化的奶油巧克力，加入 [**作法 3**] 打發的蛋糕，再倒入材料 (5) 香草醬，讓孩子使用打蛋器大致攪拌 (沒有完全均勻沒關係，等一下會繼續攪拌)。

 將材料 (6) 低筋麵粉先過篩一半入 [**作法 4**] 的奶油巧克力蛋糕糊，請孩子大致攪拌後，再過篩加入剩下的低筋麵粉，攪拌均勻。

小心拌入切碎的核桃，然後倒入烤模。
核桃可以省略或是換成其他堅果，有時候我會改加白巧克力，將白巧克力磚切成小塊狀拌入麵糊即可。

143　　**美味的蛋糕**
甜心核桃布朗尼
Walnut Brownies

軟心布朗尼最是理想

一塊布朗尼的味道主要來源就是巧克力，所以布朗尼好吃的最大訣竅之一，就是一定要選擇品質好、自己喜歡的巧克力磚來製作。方形烤模可用 9 吋圓形烤模替代，或是拿較大一點的烤模，改裝成接近的尺寸。我的作法是，錫箔紙內包一層瓦楞紙當作隔板，旁邊用耐烤容器固定，就可以填入麵糊送入烤箱。

每個人的烘烤時間可能會略有出入，為了保持布朗尼的軟心，烤到「剛剛好」才是最理想。設定的時間一到，打開烤箱檢查，輕搖看看，如果表皮中間還是泥狀，會搖晃，表示還沒烤熟，如果整個表面已經形成一層薄皮，就可以關火取出烤箱了。

我也很喜歡奧利奧 (Oreo) 口味的布朗尼，需準備 18 塊左右的奧利奧餅乾，將 [作法 6] 完成的麵糊，先倒入一半在烤模中，上層鋪滿整塊的奧利奧餅乾，接著倒入剩下的麵糊，頂端鋪上切成小塊一點的奧利奧。

7 取一根小湯匙，用湯匙背部，輕輕把麵糊表面大致刮平，送入 180°C 烤箱中烤約 23 ～ 25 分鐘。

8 出爐後在烤模內放置 5 分鐘，再將布朗尼移到烤架上放涼，最後切成喜歡的大小。

美味的蛋糕

甜心核桃布朗尼
Walnut Brownies

維多利亞海綿磅蛋糕

皇室點心名錄

VICTORIA SPONGE CAKE

你可能會好奇，這款甜點跟傳統的海綿蛋糕是否雷同？其實，維多利亞海綿磅蛋糕的口感更扎實、香氣更濃，搭配鮮奶油和果醬讓整體口感更加濕潤、層次豐富。維多利亞海綿磅蛋糕是一款皇室點心，以維多利亞女王命名，是一款非常能代表英國下午茶的點心，常見於英國的烘焙雜誌、鄉村生活書籍以及各大網站上。

讓我們飛回到 18 世紀的歐洲，「磅」蛋糕的原始食譜使用的就是 1 磅的麵粉、1 磅的雞蛋、1 磅的糖和 1 磅的奶油，所以，維多利亞海綿磅蛋糕的精髓就是麵粉：雞蛋：糖：奶油的比例為 1：1：1：1。你可能想知道能否減糖減油？我只能說，如果想重現這經典的口味，最好照著食譜進行。為了孩子方便，我放棄傳統的奶油打發法，只用食物調理機一機打到底，真的簡單到超乎想像，何不現在就來試試呢？

材料：（使用 6 吋圓模）

蛋糕體材料：
(1) 室溫放軟的無鹽奶油 125 克 + 額外 3 克
(2) 自發麵粉 125 克
(3) 糖 125 克
(4) 雞蛋兩大顆（約 125 克）
(5) 泡打粉 1 小匙

夾層材料：
(6) 鮮奶油 120 克
(7) 糖 12 克
(8) 草莓果醬適量（或其他口味）

事前準備：

A. 將材料 (1) 中的奶油切成片狀，在室溫放軟。所謂放軟，就是手指觸碰奶油，可輕易按下的程度。
B. 請孩子幫忙，將材料 (2) 自發麵粉以及 (5) 泡打粉一起過篩。
C. 在烤模底部和邊緣鋪上烤紙，以利最後的脫模：1. 在烤紙上沿著圓模底部畫出圓形，讓孩子剪下 2. 側邊則剪出差不多與烤模等高的長條狀 3. 在烤模上塗上材料 (1) 中額外分量的奶油，將剛剛剪的烤紙黏上。

讓孩子倒入材料 (3) 中所有的糖，使用機器打勻。

將東西倒入口徑不大的容器中，也是一種精細協調訓練，到目前為止倒蛋、糖都是比較容易的，下一步驟倒麵粉，則較具挑戰性。

 烤箱預熱 170°C。拿出食物調理機，放入材料 (4) 雞蛋，使用機器打散。

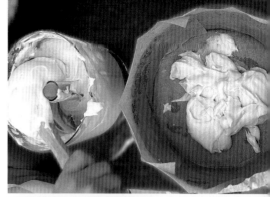

3 將事前準備 B 中過篩好的自發麵粉以及泡打粉，讓孩子慢慢倒入調理機（或使用湯匙舀），再放入材料 (1) 放軟的奶油，讓孩子操作機器，打勻即可。使用食物調理機，每次按兩秒，只需要按大概 5 下左右，不需過分攪打。

中途家長可打開蓋子使用刮刀由下往上刮拌幾下，再繼續操作機器，避免分層現象。

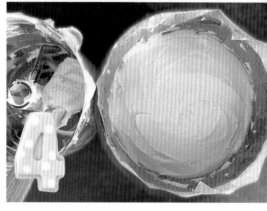

取出刀片，準備將麵糊倒入烤模。在倒入烤模前，用刮刀在食物調理盆內上下攪拌幾下，確認麵糊混合均勻再倒入烤模，並鋪平麵糊。進烤箱前，端著烤模在桌面上敲幾下，震出麵糊內的多餘氣泡，送入烤箱烘烤大約 38 ～ 40 分鐘。

用一根牙籤戳入蛋糕中，如果取出不沾黏麵糊，就是烤熟了。

時間一到，從烤箱取出。先讓蛋糕在烤模內繼續放置 5 ～ 10 分鐘後，將蛋糕取出，在烤架上放涼。接著由家長使用鋸齒狀麵包刀，從中間將蛋糕體切成上下兩半。

可在蛋糕側邊的中間，使用鋸齒刀先畫一圈記號，之後慢慢順著記號向內切，即可一分為二。

混合材料 (6) 鮮奶油以及 (7) 糖，進行打發。關於鮮奶油，詳見 P.111。

取出下層蛋糕體，切面朝上，讓孩子先抹上一層厚厚的果醬，再抹上一層厚厚的鮮奶油，最後將另一片蛋糕體蓋上。

最後撒上糖粉即完成囉！

挑選品質佳的奶油

強烈建議試試這款簡單不費工的磅蛋糕，搭配一杯茶，就可體驗英國的午茶生活。過程中除了在倒麵粉時需要小心，避免麵粉滿天飛，其他步驟在食物調理機的幫助下都可以輕鬆完成。

磅蛋糕的奶油含量高，所以奶油味在蛋糕中所扮演的角色重要，請挑選品質佳的奶油，雖然我身在英國，但是我更喜歡用特定品牌的法國奶油製作。另外，這款蛋糕新鮮現吃最好吃，但也可放冰箱保存，因奶油含量高，享用之前要先放在室溫下恢復到常溫的狀態，口感才不會變硬。

紅蘿蔔蛋糕

 揭開紅蘿蔔好吃的祕訣

CARROT CAKE

　　紅蘿蔔蛋糕？紅蘿蔔？別急著翻頁，對於不吃紅蘿蔔的大小孩子們，這是替紅蘿蔔翻身的絕佳機會。

　　紅蘿蔔蛋糕是一款英國常見的家常蛋糕，不僅相當經典，同時更古典。在中世紀的歐洲，糖是一種奢侈品，除了貴，還難以取得，所以紅蘿蔔的自然甜味就被用來當成糖的替代品。現代，糖已經是隨手可得的廚房材料之一，所以現在的紅蘿蔔蛋糕，糖是不可或缺的一環，相對的，紅蘿蔔恐懼者所討厭的「土味」，也在這款蛋糕中被甜味洗得無影無蹤。

　　這款蛋糕是我到英國後才第一次嘗試，當年我在咖啡店中看到還相當驚訝，為什麼有人要用紅蘿蔔做蛋糕？覺得一定要試試看，結果嘗了一口，居然完全沒有我想像中的怪味道，非常好吃！從此以後紅蘿蔔蛋糕在我的生活裡，默默地由驚奇變成日常。

材料：（使用 2 磅長方形烤模，900 克）

蛋糕體材料：
(1) 低筋麵粉 120 克
(2) 泡打粉 3 克
(3) 鹽 1 小撮
(4) 肉桂粉 1 小匙
(5) 植物油 100 克
(6) 室溫大雞蛋 2 顆
(7) 白糖 50 克以及紅糖 100 克
(8) 香草醬 1 小匙
(9) 紅蘿蔔絲 150 克
(10) 葡萄乾 60 克

糖霜材料：
(11) 糖粉 50 克
(12) 檸檬汁 8 克（約 2～3 小匙）
(13) 檸檬皮屑 1 小匙

事前準備：
A. 請孩子洗淨紅蘿蔔。
B. 3、4 歲以上的孩子即可開始練習使用刨刀，請孩子一手握著紅蘿蔔的一端，另一手持著刨刀，由靠近手的一端開始往另一端削去。
C. 使用刨絲器將紅蘿蔔刨成細絲（刨得越細，最後成品越看不出紅蘿蔔）。
D. 在烤模上鋪一層烤紙。

烤箱預熱 175°C。準備一個大碗，請小幫手倒入材料 (5) 油以及材料 (6) 雞蛋兩顆，使用打蛋器攪打至充分混合，由小朋友操作，約需 1 分鐘。

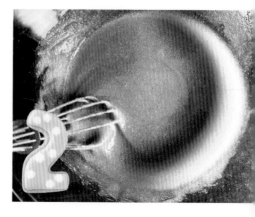

接著請孩子倒入材料 (7) 紅糖與白糖，繼續攪拌到均勻混合，接著加入 (8) 香草精，再攪拌均勻。

紅糖可以用白糖取代；香草精是非必要的，如果沒有，可以省略。

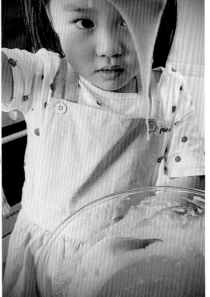

孩子好奇地在研究黏呼呼的麵糊。

將材料 (1)、(2)、(3) 及 (4) 全部倒在一起，這些都是乾粉類，我們等一下一併處理。如果不喜歡肉桂的味道，可省略。

拿出濾網，跟孩子一起將［**作法 3**］的乾粉類過篩到［**作法 2**］的濕性材料中。大約過篩一半的粉類，就可先請孩子使用刮刀進行攪拌，不用攪拌得很徹底，只要大致融合即可。接著再過篩剩餘的粉類，然後攪拌。

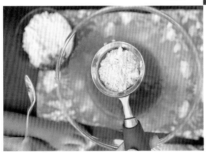

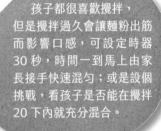

孩子都很喜歡攪拌，但是攪拌過久會讓麵粉出筋而影響口感，可設定時器 30 秒，時間一到馬上由家長接手快速混勻；或是設個挑戰，看孩子是否能在攪拌 20 下內就充分混合。

一口氣倒入材料 (9) 紅蘿蔔絲以及 (10) 葡萄乾，做最後攪拌。這時我們可以帶著孩子的手，由上往下將紅蘿蔔絲往底部拌，再由下往上，把盆底的麵糊往上翻，很快就可以充分混合。

美味的蛋糕
紅蘿蔔蛋糕
Carrot Cake

將［**作法 5**］全部麵糊倒入烤模，鋪平，進烤箱前，手持烤模兩端輕敲桌子兩下，震出多餘空氣，送入 175°C 烤箱烤 50 分鐘。時間一到，用一根竹籤戳入蛋糕，如果竹籤表面乾淨不沾黏，就是烤熟了。

出爐後，小心將熱燙的蛋糕移到烤架上，讓蛋糕在烤模內冷卻 10 分鐘，再從烤模中取出，放在烤架上徹底放涼。

製作簡易檸檬糖霜裝飾。
取一個碗，將材料 (11) 糖粉以及 (12) 檸檬汁充分攪拌，即可成為黏稠、可流動狀的糖霜，可以用湯匙舀，隨意淋在放涼的蛋糕上，或是裝入擠花袋擠出線條，最後撒上一些材料 (13) 檸檬皮屑。

黏稠可流動

用湯匙隨意鋪檸檬糖霜是較容易的方法，我讓我們家小小孩採用這種自由揮灑的方式；裝在擠花袋則可製造比較整齊的效果，如果是手部協調比較好的大孩子，可以採用此方法。

用湯匙淋

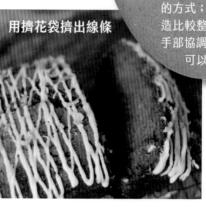
用擠花袋擠出線條

傳統奶油起司
糖霜作法

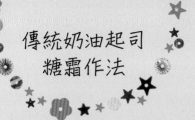

如果時間緊湊，這個食譜也適合做成杯子蛋糕，烤溫一樣是 175°C，只要烘烤 20 ～ 22 分鐘左右即可出爐。

其實正經八百的紅蘿蔔蛋糕上面會有一層厚厚的奶油起司糖霜。但不管在英國住多久，我還是學不會欣賞這隆重又濃重的裝飾層，這也是我不愛在超市或咖啡店買紅蘿蔔蛋糕的原因之一，另一原因是，我知道紅蘿蔔蛋糕超級～簡單！取而代之，我使用檸檬糖霜，與紅蘿蔔蛋糕一口咬下，清新的檸檬味會是一大亮點，不過如果不喜歡太甜，糖霜可直接省略。

但是，奶油起司糖霜有相當多的擁護者，如果與英國朋友共享，我會老老實實加上奶油起司糖霜：200 克室溫奶油乳酪 (Cream Cheese)、50 克室溫放軟的無鹽奶油以及 75 克糖粉。先將奶油乳酪以及放軟的無鹽奶油充分攪打 1 ～ 2 分鐘，再加入糖粉翻拌均勻，即可鋪在放涼的蛋糕上。

美味的蛋糕
紅蘿蔔蛋糕
Carrot Cake

香濃起司蛋糕

小手集中火力倒與攪拌

CHEESE CAKE

　　起司蛋糕是我的萬年最愛之一，即使到了英國這個甜食王國，有時站在蛋糕櫃前，面對琳瑯滿目、繽紛閃亮的眾蛋糕們，雀屏中選的還是那相對樸實的起司蛋糕。在陽光灑落的午後，一杯熱咖啡、一片起司蛋糕，手上再拿本好書，這是每次都能讓我快速補充能量的最佳搭配。

　　新手與孩子一開始要挑戰起司蛋糕，可以從重乳酪下手。重乳酪蛋糕大致步驟只需要「倒」與「攪拌」，都是小孩容易上手的動作，反觀輕乳酪蛋糕還涉及蛋白打發、打發程度的控制……等，變數太大，比較容易失敗。雖然不是什麼祕密，但很多人或許還不知道，咖啡店裡擺放的美味重乳酪蛋糕，其實是如此簡單！只要把材料備齊，自家隨時都是咖啡店！

材料：（使用 6 吋圓形活動烤模）

(1) 消化餅乾 75 克
(2) 無鹽奶油 35 克
(3) 奶油乳酪 400 克
(4) 優格 50 克（抹醬型奶油乳酪水分較多，建議使用希臘優格；若使用塊狀奶油乳酪可用普通優格）
(5) 糖 60 克
(6) 全蛋 2 顆與蛋黃 1 顆
(7) 香草醬 1 小匙
(8) 檸檬汁 1 小匙與少許檸檬皮
(9) 玉米粉 20 克
(10) 冷凍或新鮮覆盆子 1 小碗（非必要）

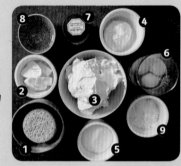

事前準備：

A. 將材料 (3) 奶油乳酪放在常溫下備用。
B. 取一 6 吋活動式烤模，在底部鋪一烤紙，以利之後脫模。
C. 將烤箱設定 160°C。
D. 將材料 (2) 無鹽奶油放在耐熱容器中，放入加熱中的烤箱使其融化。

 讓孩子使用食物調理機，放入材料 (1) 消化餅乾，使用食物調理機將餅乾打散，並小心倒入融化的奶油，再操作機器使其攪打均勻。

要小心裝奶油的容器是否還熱燙；如沒有食物調理機，也可以將餅乾放在夾鏈袋中，用擀麵棍擀碎。

讓孩子盡量壓實、盡力弄平整，這樣成品的餅乾體才不會輕易散掉。也可以取一個底部平整的小杯子來幫忙壓實。

將［**作法 1**］的餅乾倒入烤模中，讓孩子用湯匙背部，均勻平鋪並盡量壓實後，送入 160°C 烤箱烤 10 分鐘，時間一到，取出放涼備用。

將材料 (6) 雞蛋，先加入一半到 [**作法3**] 中，攪拌均勻後，再加入另一半的雞蛋，並攪拌均勻。

雞蛋一開始放入攪拌時，會覺得質地差很多，不容易拌勻，多讓孩子攪拌幾下就可以混和均勻了。

將常溫的奶油乳酪放在一個乾淨的大碗中，用打蛋器先打散、打鬆，接著讓孩子加入材料 (4) 優格，稍微攪拌，加入材料 (5) 糖，繼續攪拌直到光滑、均勻。

讓孩子把材料 (7) 香草醬、(8) 檸檬汁與檸檬皮加入 [**作法4**] 的起司雞蛋糊，攪拌均勻後，過篩入材料 (9) 玉米粉，輕輕攪拌均勻。

雖然粉類只有一點點，但還是要過篩喔，過篩後比較容易拌勻，也較不容易結塊。

美味的蛋糕
香濃起司蛋糕
Cheese Cake

將［**作法 5**］的起司麵糊用濾網
過篩後，再讓孩子輕輕拌入材料
(10) 覆盆子。

過篩的動作可以讓成品吃起來
更細緻；覆盆子雖然可省略，但
加入酸酸的莓果會有解膩作用。

與孩子一起在烤模
的最外圍，包上三
層鋁箔紙，同時請
家長煮一壺熱水。

水浴法

合力將［**作法 6**］的起司麵糊倒入包好鋁
箔紙的烤模。取一個比烤模大的烤盤或鍋
子，注入 2 公分左右深度的熱水，小心
地將蛋糕放在熱水上，連同熱水整盤送入
160°C 烤箱烘烤 45 分鐘。

耐心等候可以脫模的時間

時間一到，來檢查蛋糕，輕敲烤模側邊，如果蛋糕是「整體一起晃動」，表面中間見不到流質的狀態就是烤好了，不需要烤到整個蛋糕體都不會動。我們需要關掉烤箱，將烤箱門夾著隔熱手套，留一個小縫，讓整盤起司蛋糕原封不動在烤箱內慢慢降溫50分鐘，之後整盤水浴移到室溫，移除水浴及鋁箔紙，用一把刀沿著起司蛋糕周圍畫一圈，但還不要脫模，等放到全涼後，冷藏至少4個小時或是隔夜，再脫模食用。繁瑣的冷卻過程可以避免惱人的裂頂問題。

起司類蛋糕要切得乾淨工整，有個小訣竅，就是要「熱刀」。一般常用的方法是將刀鋒用熱水燙一燙，擦乾後一刀切下。因為我家裡通常沒有現成的熱水，所以更喜歡拿吹風機吹刀鋒，吹到熱熱的，便可一刀切下。一刀過後，如果刀鋒上有沾黏屑屑，拿一張紙巾擦乾淨後，再熱刀續切。

奶油乳酪怎麼買？

各大食譜上常見的都是立方體包裝，一塊一塊的奶油乳酪，在英國找不到怎麼辦？其實在英國，只要買常見盒裝的奶油乳酪抹醬即可，產品標示名稱可能是 Cream Cheese 或是 Soft Cheese，水分含量雖比較高，但好處是不必到室溫回溫，可以直接使用。

美味的蛋糕

香濃起司蛋糕
Cheese Cake

戚風小蛋糕

親子廚房的偉大冒險

MINI CHIFFON CAKES

　　戚風蛋糕的口感鬆軟綿密、蛋香迷人，是我們家的下午茶常客第一名。戚風蛋糕的蓬鬆是靠著打發雞蛋撐起來的，裡面的糖量以及麵粉量也遠比磅蛋糕來得少，吃起來較無負擔感，一個什麼都不抹的原味戚風蛋糕，在我家一般都是直接被秒殺。

　　但是……跟小小孩做戚風蛋糕完全是個大挑戰！從分蛋、打發蛋白以及攪拌麵糊都是考驗。對於經常做戚風蛋糕的我，第一次放手讓五歲孩子製作，完全在挑戰我的驚嚇極限，因為我知道某些步驟一旦失誤，可能會做出令人不滿意的戚風蛋糕。不過，家長們也不用太害怕，只要在一旁把指令下得清楚、少數困難處提供部分協助，其實孩子也可以做戚風蛋糕！如果孩子年紀較大，動作能力以及衝動控制或許相對較佳，可能就不需要如我一般，膽戰心驚地陪孩子走完全程。如果想避免麻煩，也可以直接由家長製作蛋糕體，然後讓孩子來發揮創意完成裝飾！

材料：（使用 20×30 公分長方形烤模）

蛋糕體材料：
(1) 雞蛋 5 個
(2) 植物油 50 克
(3) 牛奶 65 克
(4) 糖 60 克
(5) 低筋麵粉 75 克
(6) 檸檬汁 1 小匙

裝飾材料：
(7) 鮮奶油 300 克
(8) 糖粉 20 克
(9) 香草醬 1 小匙
(10) 新鮮水果或是小糖果、巧克力

事前準備：

A. 請孩子幫忙，小心地將蛋白與蛋黃分開。可以取一個小碗，打入全蛋，然後用湯匙小心地將蛋黃舀起，放入一個大碗中，蛋白再倒入另一個大碗。放蛋白的碗必須保持乾淨，無水、無油，也不能沾到蛋黃。

B. 在烤模內鋪上烤紙。烤模的尺寸只要差不多大都可以使用，不用調整分量，只是烤出來的高度會稍有不同。

C. 請孩子將檸檬汁擠出。

D. 烤箱預熱 170℃。

1 請孩子將材料 (2) 植物油倒入放置蛋黃的大碗中，用手動打蛋器盡情攪拌均勻，蛋黃充分乳化後，再倒入材料 (3) 牛奶，攪拌均勻。

2 取一個濾網，讓孩子將材料 (5) 低筋麵粉，過篩入［**作法 1**］的蛋黃糊中，請孩子用手動打蛋器「盡量」有效率地拌勻，完成蛋黃麵糊。
麵粉一旦加入，就要控制攪拌的時間，避免麵粉出筋。

3 取出電動打蛋器,讓孩子打開電源攪打幾秒鐘,蛋白出現泡沫時,加入材料 (6) 檸檬汁以及材料 (4) 一半分量的糖 (30 克)。

家中孩子也害怕電動打蛋器的噪音嗎?幫孩子戴上耳罩或是塞耳塞、戴上帽子。

4 讓孩子繼續攪打到看不見糖粒、質地蓬鬆,再倒入剩下的糖 (30 克),用電動打蛋器打到大約中性發泡的程度。
中性發泡大約是用電動打蛋器將蛋白霜提起時,會呈現大三角彎鉤的狀態。

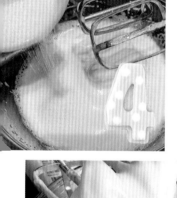

5 協助孩子,從 [**作法 4**] 的蛋白霜中,取出 1/3 放到 [**作法 2**] 的蛋黃麵糊中,讓孩子用打蛋器攪拌均勻。

可以讓孩子用打蛋器多攪拌幾下,還不需特別強調輕柔。這步驟是為了讓蛋白霜以及蛋黃麵糊的質地更接近,以減少下一步驟的攪拌次數。

美味的蛋糕

戚風小蛋糕
Mini Chiffon Cakes

將 [**作法 5**] 攪拌好的麵糊，全部倒回蛋白霜的大碗中，讓孩子改成使用刮刀，由下往上將麵糊輕柔地翻拌均勻。

這是最具挑戰性的步驟，攪拌的動作要非常輕盈，不然很容易使蛋白霜消泡。如孩子覺得困難，家長可以拉著孩子的手一起操作，或是先讓孩子進行，再由家長收尾，檢查時請注意盤底可能會有沉澱的蛋黃糊。

要訣：輕盈！快速！

抹平的過程會很考驗孩子的動作控制能力，可多鼓勵孩子嘗試。看看是否太用力？麵糊是否仍不平整？透過麵糊直接的視覺回饋，促進孩子的表現能力。

將 [**作法 6**] 拌好的麵糊倒進烤盤，讓孩子用刮刀或抹刀，將麵糊盡量抹平。

請家長先示範如何端起烤盤敲桌面，再由孩子試試看。

讓孩子將整個烤盤提起，在桌上敲兩下，震出大氣泡，便可送入 170℃ 烤箱烘烤 16 ～ 17 分鐘。

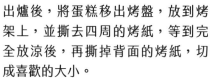 出爐後，將蛋糕移出烤盤，放到烤架上，並撕去四周的烤紙，等到完全放涼後，再撕掉背面的烤紙，切成喜歡的大小。

切下來的邊邊角角被我拿來做成巧克力蛋糕棒 (P.116) 囉！

 將材料 (7) 鮮奶油、(8) 糖粉以及 (9) 香草醬放在一個大碗中，使用 (電動或手動) 打蛋器打發備用。

關於鮮奶油，詳見 P.111。
鮮奶油須搭配擠花袋使用，如果希望再簡化，可以直接買市售的罐裝鮮奶油，使用上會比用擠花袋容易得多。

孩子開始展現天馬行空的裝飾能力。

 邀請全家都來參與，親手裝飾自己的蛋糕！

美味的蛋糕
戚風小蛋糕
Mini Chiffon Cakes

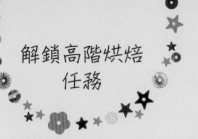

　　雖然第一次由孩子執行時，我是秉住氣息，然後不斷深呼吸，提醒自己要更有容忍度，但是最後出爐的那一剎那，不僅孩子有成就感，連媽媽本人都得到滿滿的鼓勵。這個食譜的戚風蛋糕是我們家的常用配方，有時整片用來捲成蛋糕捲，有時就用在做各式小蛋糕。

　　最簡單的裝飾方法，就是取一片蛋糕，先抹一層鮮奶油，再鋪一層水果，接著蓋上另一片蛋糕，最後在頂層做隨興的裝飾。看孩子裝飾是非常有趣的事，通常孩子會天馬行空地擺放自己喜歡的東西，大人們猛然一瞄到，可能會覺得好像太「隆重」了，但仔細一看似乎又可成立。另外，如果家長準備一些裝飾用的小糖果或彩色小珠珠，記得不要整瓶拿給孩子，只倒出一些盛裝在小容器裡，才不會一下子就被興奮的孩子「整瓶用光」。

美味的蛋糕

戚風小蛋糕
Mini Chiffon Cakes

夏洛特蛋糕

 大小手合力擺出夢幻逸品

CHARLOTTE CAKE

　　夏洛特蛋糕一端上桌就會令人眼睛為之一亮，而且不會太難做，只要使用市售的手指餅乾，內餡填充免烤的慕斯，上層豪爽地排放香甜的水果，最後綁上緞帶。換句話說，大家第一眼看見的是新鮮水果、手指餅乾以及緞帶，難怪令人垂涎欲滴，視覺上零失誤！

　　這個蛋糕特別適合出現在生日會，或是多人的家庭、朋友聚會活動時，不僅可以一起分擔熱量，收到的稱讚也特別多。我特別喜歡在夏季製作夏洛特蛋糕，吃起來涼快清爽，再者，我私心偏好莓果的酸甜，伴著香濃的鮮奶油和起司醬，而夏季正是英國莓果盛產季，每每上超市購物，都會忍不住抱走幾大盒的莓果：草莓、藍莓、覆盆子以及黑莓，不論品質或價格都是一絕。有時心血來潮，我還會帶著孩子到農場採摘，從綠葉中翻找出鮮紅甜美果實，哎呀！一個不小心就會立刻都進到肚子裡了呢！不行不行，我們留一些做蛋糕吧！

材料：（使用用 6 吋活動烤模，約 6～8 人份）

蛋糕體材料：

(1) 市售手指餅乾約 28 根（數量僅供參考，因市售手指餅乾寬度不一）
(2) 冷凍綜合莓果，或新鮮莓果 180 克
(3) 白糖 40 克
(4) 檸檬汁 20 克
(5) 吉利丁片 4 克
(6) 馬斯卡彭起司 250 克
(7) 動物性鮮奶油 230 克
(8) 糖粉 15 克
(9) 苦甜巧克力（可可脂 50～70%)85 克
(10) 動物性鮮奶油 45 克
(11) 吉利丁片 2 克

事前準備：

如果小朋友沒有使用過刀具，以下 A、B 項可由家長代為準備。

A. 將材料 (1) 中大部分的手指餅乾，一側的底部切掉約 3～5 公釐。
B. 材料 (9) 如果使用的是巧克力磚，請先切成小碎塊。
C. 將材料 (7) 的動物性鮮奶油倒入乾淨的玻璃碗或鋼碗，放入冰箱冰鎮備用。
D. 馬斯卡彭起司移到室溫置放備用。

A

B

取一個 6 吋活動烤模（底部可分離），大手小手一起將手指餅乾排滿烤模的周圍以及底部。事前準備 A 中，先將手指餅乾一端的底部切平，正是為了讓餅乾能站立。

手指餅乾有兩面，裹糖的那側向外貼著烤模，沒有裹糖的向著內側；烤模可以用 6 吋的鍋子替代，事先放入一張比鍋子更大的保鮮膜，以利最後能將蛋糕整塊拉起來脫模。

準備一個鍋子，讓孩子將材料 (2) 的所有莓果、(3) 糖以及 (4) 檸檬汁全部倒進鍋子裡。開中小火，一邊煮一邊攪拌，煮滾時轉小火，此時設置定時 10 分鐘，繼續燉煮攪拌、必要時可以壓碎莓果。

如果孩子比較小，可換把柄較長的木湯匙或是耐熱矽膠刮刀，攪拌的過程比較不會被鍋子燙到。

同時，快速將材料 (5) 吉利丁稍微剪小片一些，浸泡冰水，水量需淹過吉利丁片，大約 10 分鐘左右可泡軟。天氣較熱時，泡吉利丁片的水請加入 2 ～ 3 塊冰塊。

等到 [作法 2] 時間到即可關火。拿一個乾淨的碗，請孩子拿著濾網架在碗上，將煮好的莓果醬倒到濾網中過篩，之後僅會使用莓果汁。

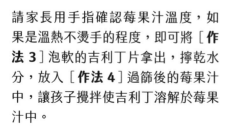

請家長用手指確認莓果汁溫度，如果是溫熱不燙手的程度，即可將 [作法 3] 泡軟的吉利丁片拿出，擰乾水分，放入 [作法 4] 過篩後的莓果汁中，讓孩子攪拌使吉利丁溶解於莓果汁中。

美味的蛋糕
夏洛特蛋糕
Charlotte Cake

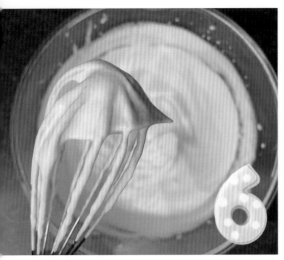

取出事前準備 C 中放入冰箱的鮮奶油，使用打蛋器一直打到有尖角、不滴落的程度。另取一個乾淨的碗，請孩子放入材料 (6) 馬斯卡彭起司以及材料 (8) 糖粉，使用打蛋器或刮刀混合均勻，並將馬斯卡彭起司的質地打軟。天氣熱時，可在鮮奶油盆子底下墊一碗冰水，有助於打發。

將 [**作法 6**] 的馬斯卡彭醬以及打發的鮮奶油混合，完成馬斯卡彭鮮奶油醬，分成兩等份備用。

鍋邊起小泡了，可關火囉！

隨時都是數學時間！鮮奶油醬被分成兩等分，一份是幾克？大孩子可以幫忙測量及計算除法，小一點的孩子可以幫忙按計算機。或是請孩子目測，大致分成兩份也可以。

將材料 (11) 吉利丁片泡入冰水。
將已切成小碎片的材料 (9) 巧克力，以及 (10) 鮮奶油放入小鍋中，開小火，加熱直至鍋邊起小泡即可關火，將兩者快速攪拌融在一起，做成巧克力醬。
大約加熱 8～10 秒，鍋邊就會起小泡，這時候關火、離火，即可快速攪拌均勻。

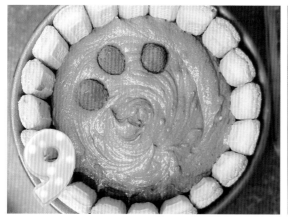

將 [**作法 8**] 中泡軟的吉利丁取出，擰乾水分，加入巧克力醬中攪拌均勻。再將巧克力醬倒入其中一份 [**作法 7**] 的馬斯卡彭鮮奶油醬，請孩子攪拌均勻，倒入鋪好手指餅乾的烤模中，放入冰箱冰 20 分鐘。我喜歡在倒入巧克力慕斯時順道擺滿覆盆子，品嘗時會有小驚喜的感覺！

 將 [**作法 5**] 的莓果醬加入另一份 [**作法 7**] 的馬斯卡彭鮮奶油醬，讓孩子攪拌均勻，完成莓果慕斯醬。將 [**作法 9**] 的半成品從冰箱取出，倒入莓果慕斯醬，輕輕鋪平，放回冰箱冰鎮過夜，或冰至少 6 小時。

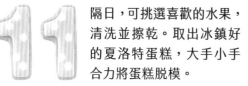 隔日，可挑選喜歡的水果，清洗並擦乾。取出冰鎮好的夏洛特蛋糕，大手小手合力將蛋糕脫模。

 讓孩子將準備好的水果一把撒上，或是請孩子發揮創意裝飾蛋糕，最後在手指餅乾外圈綁上緞帶，美味又好看的夏洛特蛋糕就完成啦！

美味的蛋糕
夏洛特蛋糕
Charlotte Cake

利用慕斯做出
多種變化

——— 單層的夏洛特蛋糕 ———

　　對於新手家長及孩子來説，雖然步驟比較多，但成果卻相當令人驚豔及滿意。如果家長評估後認為太複雜，可以改成僅製作其中一款慕斯（只做莓果或是巧克力）。可將手指餅乾切掉大約三分之一的長度，倒入其中一款慕斯，凝固後直接鋪上水果；或是同一款慕斯做成雙倍的分量，那麼手指餅乾的長度就不需改變。

冰淇淋慕斯夾心餅乾

慕斯類蛋糕要切得漂亮，最好用熱刀，熱刀切下後，如有沾黏，用紙巾擦乾淨之後，才繼續切下一刀。這個食譜的慕斯相當好吃，可以直接放在漂亮的容器中，待其凝固，當成飯後點心享用。有時我們家還會用這慕斯做成冰淇林餅乾：慕斯液放在方形容器中凝固，切成薄片。用吹風機在慕斯薄片上吹一吹，待慕斯表面稍微溶化，即可黏在餅乾上，完成夾心餅乾。最後送入冷凍庫冰 20 分鐘，享用前放到室溫稍微退冰即可大快朵頤！

美味的蛋糕

夏洛特蛋糕
Charlotte Cake

野莓派

 一派輕鬆地完成它

WILD BERRY PIE

　　近一兩年，我們家多了一項夏末活動：摘野莓。在英國，只要打開眼睛仔細看，黑莓欉無所不在，公園、郊外、小徑旁、快速道路邊……或許鄰居的院子就有呢！我剛到英國時，看到路邊欉生的野黑莓從來不敢摘，第一次看到朋友的老公隨手摘來吃，我簡直不可置信，還怕他亂吃會拉肚子。後來又有一次，我在路邊端詳著野莓欉，有位當地人看到我狐疑的臉，為我指點迷津：「這一欉很好吃喔！」我的態度轉為半信半疑，後來陸續不斷有當地朋友向我保證野黑莓可以吃，只有好吃與不好吃之別，於是……我吃了，然後，很好吃耶！

　　野生黑莓的酸味比較明顯，我覺得非常適合放在甜點裡面，這個食譜也可以混搭市售的莓果，藍莓或黑莓都非常適合。跟著我做完這道食譜，你會非常驚訝，因為自製莓果派不但好吃到落漆，還是個超簡單的小孩食譜哦！

材料：

(1) 市售現成 9 吋甜派皮
(2) 莓果 500 克 (我使用 400 克
　　野生黑莓與 100 克藍莓)
(3) 白糖 80 克
(4) 低筋麵粉 60 克
(5) 檸檬汁 15 克與檸檬皮少許
(6) 額外的白糖 15 克
(7) 冰奶油 15 克

事前準備：

A. 請孩子把莓果洗
　　乾淨，並用紙巾
　　將水分吸乾。
B. 將奶油切成小丁
　　狀，放回冰箱冷
　　藏備用。

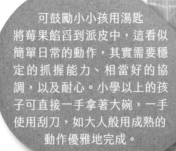

可鼓勵小小孩用湯匙將莓果餡舀到派皮中，這看似簡單日常的動作，其實需要穩定的抓握能力、相當好的協調，以及耐心。小學以上的孩子可直接一手拿著大碗，一手使用刮刀，如大人般用成熟的動作優雅地完成。

1 烤箱預熱 180°C。準備一個大碗，讓孩子將材料 (2) 中，大約 2/3 分量的莓果放入大碗中。

2 將材料 (3) 白糖、(4) 低筋麵粉以及 (5) 檸檬汁與檸檬皮全部倒進 [**作法 1**] 的大碗中。

讓孩子將 [**作法 3**] 的莓果餡平均鋪在材料 (1) 的甜派皮中，上層鋪上 [**作法 1**] 中剩餘 1/3 分量的莓果。

讓孩子撒上材料 (6) 糖以及 (7) 奶油丁，送入 180°C 烤箱烘烤 40 ～ 50 分鐘，出爐後移到烤架上放涼。

也可用手攪拌。讓孩子戴上乾淨的手套用手抓拌、擠壓莓果，是種特別又溫和的觸覺刺激，也更感覺像在玩！

3 使用刮刀攪拌，過程中可以稍微壓碎莓果，混和均勻成為莓果餡。

內餡像果醬一樣
就成功了

　　如果不是新鮮莓果的產季，使用冷凍的莓果也可以。餡料的多寡以及莓果的含水量都會影響最終的烘烤時間，出爐時觀察頂端，看起來沒有流質即可。最佳狀態是在完全放涼之後，一刀切開，內餡如同果醬般半凝固、不流動的狀態。我們有時也會作成比較小的派，一人一份很剛好，且更方便攜帶。作法完全一樣，只是烘烤時間較短，大約 23 ～ 28 分鐘。

183

美味的蛋糕
野莓派
Wild Berry Pie

迷你乳酪水果塔

 心眼手協調大作戰

MINI CHEESE FRUITY TARTS

　　剛搬到英國的時候，我很驚訝，大烤箱竟是每家廚房的標配。飲食文化不同，導致我一直忽略烤箱的存在，後來正視烤箱，是我開始看英國飲食生活雜誌以後。現在的我已經離不開烤箱，因為實在太方便了！不但節省看顧爐火的時間，還能做出更多元的料理及烘焙點心！

　　只要是新鮮出爐的派與塔，都有一種特別的魔力，為了滿足偶爾想吃鹹派或甜派的欲望，我們家的冰箱隨時會儲存一些冷凍生派／塔皮，因此，迷人小點心也可以迅速上桌。

　　如果買得到市售的塔皮，不管是已經烤好的或是未烤的，這道迷你乳酪水果塔都將是非常快速方便的宴客點心，尤其家裡若有小朋友訪客，這道點心也很適合讓大家一起玩裝飾、比創意。買不到塔皮也沒關係，自己做也不難，詳見蘋果派餅乾 (P.70) 的塔皮作法。小提醒：這道點心要趁新鮮，當日享用最好吃！

材料：（使用 12 洞的馬芬烤模，約可製作 8 個）

(1) 市售或自製塔皮 1 張
(2) 馬斯卡彭起司 120 克
(3) 奶油乳酪 80 克
(4) 香草醬 1 小匙
(5) 糖粉或紅糖 25 克
(6) 水果適量

事前準備：

A. 材料 (2) 馬斯卡彭
　 起司、(3) 奶油乳酪
　 放在常溫備用。
B. 烤箱預熱 200°C。

1 取一個比馬芬烤盤洞口稍大的圓形模具，在塔皮上切出 8 片。

2 讓孩子小心的將切好的塔皮取出，並放到馬芬烤盤內。

脫模時有時會沾黏，如要完全避免，可以在烤盤洞中噴上薄薄一層油，或在底部鋪一小條烤紙，方便脫模。

3 請孩子用叉子，在每個塔皮上輕輕戳幾個洞。

用湯匙將豆類舀到烤盤裡，是一項對於孩子專注度非常有趣的考驗。

在塔皮上鋪一小張鋁箔紙或烤紙，讓孩子在上方均勻鋪上烤石（或生的豆類），送入 200°C 烤箱烤 10 分鐘，時間一到，整盤取出，取走鋁箔紙以及烤石，將塔皮送回烤箱再烤 4 分鐘，即可出爐放涼。

如使用生的豆類，可以回收，豆子放涼後收進罐子裡，下次烤塔皮時再拿出來用。

 將材料(2)馬斯卡彭起司、(3)奶油乳酪、(4)香草醬以及(5)糖全部倒在一個大碗裡,讓孩子拌勻後,再用打蛋器續打約1分鐘,直到質地呈現均勻且堅挺的狀態。

放手讓孩子發揮創意,可能會得到驚喜,不管是正向的或是另一種驚喜,都很有趣。

 取一個擠花袋,裝入喜歡的擠花嘴,將[作法5]的乳酪醬小心放入擠花袋中,在塔皮內擠入適量的乳酪醬。

如果沒有擠花袋,則取一個保鮮袋,將乳酪醬集中裝在一角,剩餘空間旋緊,剪一個小開口即可使用。

讓孩子發揮創意裝飾各式水果。

美味的蛋糕
迷你乳酪水果塔
Mini Cheese Fruit Tarts

讓孩子自然地
完成訓練

　　家長注意到了嗎？這道食譜是孩子注意力、衝動控制以及精細動作的大挑戰，孩子需要小心地將壓模好的塔皮拿起，再輕輕按進烤模；不過度施力地在每個塔皮上戳洞；仔細地用湯匙將綠豆舀起放進塔皮中；耐心地放上小小塊的水果裝飾……。過去我在小兒治療室，要設計各種活動挑戰來增進孩子的能力，最高境界是讓孩子在不自覺的情況下，透過「有意義」的活動來進行各式訓練。做點心真的是一項非常好的居家練習活動，只是家長也要有廚房或成品亂七八糟的心理準備，畢竟不完美也是一種學習的必經過程。

　　其實這道食譜對小小孩來說，最難的可能是［**作法 6**］的擠花。雙手協調操控對於擠花相當重要，手部的小肌肉力量也需要一定的能力，如果孩子操作上不容易，家長可以帶著孩子的手一起擠，如果要省麻煩或是降低難度，也可以略過擠花，直接拿小湯匙將乳酪醬舀進放涼的塔皮即可。

美味的蛋糕

迷你乳酪水果塔
Mini Cheese Fruit Tarts

鹽麵團玩具

不能吃但很好玩，讓孩子親手製作專屬玩具